愛犬セレクション

柴犬の飼い方

小さくてもキリリッの柴犬と楽しく暮らすために

監修●吉田賢一郎 写真●中島眞理

成美堂出版

日本人にとって犬の代名詞ともいえる柴犬。生粋の日本犬である柴犬は、古来からよきパートナーとして私たち日本人が身近において慣れ親しんできた犬種です。日本人の犬に対する考え方も彼らとの長いつきあいの中で根づいていったものだといわれています。こうした歴史やまた小柄で素朴な外貌、忠実で忍耐強い性質に親近感や愛着を覚える人が多いのでしょう。さまざまな外来犬種が国内で紹介されている昨今でも、柴犬人気は衰え知らずで依然トップクラスに位置しています。また、海外での柴犬の人気も秋田犬を凌ぐかの勢いで年々上昇しています。

はじめに

柴犬は当然ながら日本の風土に適した体質・体形をしているうえ、賢くてとても飼いやすい犬種です。実直で情愛深く、愛情をもってきちんと育てていけば柴犬との生活は必ず大きな喜びをもたらしてくれるはずです。

本書では、柴犬の魅力を余すところなく紹介しつつ、この犬種のもつ特性やそれに準じた適切な飼育方法を初心者の方にもわかりやすく説明しております。一柴犬愛好家として、この本が少しでも多くの愛好家の増加とその愛犬たちの幸せにつながれば幸いです。

吉田賢一郎

柴犬の飼い方

CONTENTS

CONTENTS

第5章 犬が大好きな時間を作る

第6章 こんにちは、柴犬の赤ちゃん

第7章 ずっと元気でいてほしい

第8章 もっと柴犬のことが知りたい

企画 ………………成美堂出版
編集 ………………オネストワン（田中未央・佐藤哉）
本文レイアウト …トリプルワン（吉永聖児・塩水流努）
カバーデザイン …デュエデザイン（前田芳江）
写真 ………………中島眞理　アドフォーカス（その江）
文章 ………………伊上冽　岡村靖子　溝口弘美
イラスト…………佐藤久美　橋本美貴子　NEW OIL
協力 ………………河井英樹　島崎泰　田辺礼子　中田晴久
ヘンミケンネル　吉崎豊子　50音順（敬称略）

いつでもどこでも一緒のボクたち。今日はどこに遊びに行こうか相談中。

やっぱり大好き！ 柴犬

キリッとりりしく、
ときにはおちゃめな
人気者！

ふぅ、ちょっと疲れちゃった。だいぶ歩いたけどいったいここはどこ？

向うには何があるのかなぁ？お天気もいいことだし少し足を伸ばしてみるかな。

ボクはあっちに行ってみたいな。ワタシも同感！

小さな体で思いっきり飛んだり跳ねたりのぶつかりっこ。お互いの上に乗ったり、しっぽを噛んだりと、子犬たちがじゃれ合う姿を見ているとついつい時間がたつのも忘れてしまう。

何にでも興味を示す子犬は、たとえ相手がおもちゃだろうとスリッパだろうと、とりあえずかわいい声で吠えてみる。反応がないとわかると、今度はかじってみたり…夢中になって遊んでる。

お散歩の途中でちっちゃな仲間を発見！「ねぇキミ、どこからきたの？」

「一緒に遊ぼうよ。向うにとっておきの場所があるんだ」

「えっ、お母さんとはぐれちゃったの!?　ボクも一緒に探してあげる」

やっぱり大好き! 柴犬

あっ、お母さんが
見つかったんだね。
よかった、よかった。

うらやましいなぁ。
何かボクもママに
会いたくなってき
ちゃった。

遊び疲れてちょっとひと休みと思ったとたん、かすかな物音や鼻をかすめるいいにおいに敏感に反応する子犬たち。人から見たら、いったい何が起きたのかと思うほどのささいなこと。でも子犬にとっては一大事。

無心でたわいなく動き回る子犬たちの世界は、眺めているだけで、あわただしさが渦巻く現代人の心の隙間に優しくしみ込んで行く。

「はじめまして、ここにはよくくるの？　ボクと遊ばない？」

歩くと落ち葉がかさかさ音を立てるんだ。何だか癖になりそう。

やっぱり大好き！柴犬

「疲れちゃったからおんぶしてよ～。え～い、こうなったら強行手段だ！」

落ち葉の上はひんやりしてて気持ちいいね。自然のクッションってとこかな。

小さな足で背伸びをしたらぽこっとしたおなかが登場。おなかをぺたっとつけて眠る姿がかわいい。子犬はまるで動くぬいぐるみのよう。

いつまで見ていても不思議と飽きることはない子犬たちの世界。心地よい瞬間。ず～と見とれていたらハッと我に帰る。よい気分転換になって心も体もリフレッシュ。さあ、明日も明後日も子犬たちを見に出かけるぞ！

コンパクトなボディーに隠された人気の秘密とは？

日本犬ならではの威厳と気品を兼ね備えた柴犬の魅力を一挙公開！

飾り気のない素朴さが売りのキャラクター

素直で忠実、家族にだけなつくという性格は飼い主にはたまらない魅力。きれい好きでしつけやすい柴犬は、日本人との相性もぴったり。

家族には忠実な一方、他人にはそっけない。それも日本犬ならではの魅力。

警戒心が強いから、番犬の役目は立派に果たしてくれる。

柴犬の人気の秘密は、日本犬としていちばん大切な要素である威厳、素直さ、素朴さを備えているところかもしれない。

クールでハンサムな
顔立ち

子犬の頃はあどけない顔の柴犬も、成長するにつれりりしい顔立ちに。思慮深い表情からは賢さもうかがわれる。

ピンと立った
三角耳

頭の大きさにほどよく調和した三角形の立ち耳は、横から見るとわかるように少し前に傾いている。ピクピクと耳を動かしているしぐさがとってもキュート。

コンパクトなボディーに隠された人気の秘密とは?

キュッと締まった口元

下顎が厚く、丸い感じの口。一文字に引き締まった唇は意志の強さを表している。

真っ黒でつやつやの鼻

湿っていてつやのある黒。スッと通った鼻筋は品のよさがにじみ出てくるよう。

気迫を感じさせる目

やや奥目で三角形、目尻はキリッと上がっている。瞳の色は濃い茶褐色。

クルリと巻いた尻尾

柴犬は巻き尾が多いけど、ごくまれに鎌状の差し尾の犬もいる。太くふさふさした尻尾の裏側は白く、下におろすと尾の先が飛節(人間でいえば踵)に届くくらいの長さ。

四肢 力強く踏ん張った

前足は体と同じ幅で真っすぐに伸び、後ろ足は大腿部が発達し引き締まっている。スックと大地を踏みしめた力強い姿勢は、そこにいるだけで絵になるほど。

表は真っすぐ、中はふわふわの二重構造の被毛

真っすぐで硬めの短毛だから、カットなんかしなくてもいつも毛並みはきれい。上毛は硬く癖がない直毛、下毛はふわふわして柔らかい綿毛。毛色は赤、黒、胡麻が一般的。

赤以外の毛色、胡麻・黒の柴犬も紹介します。

毛色は8割が赤だけど、ほかにもいろいろあるよ

赤

「柴犬」の名の由来については諸説あるが、「毛色が柴の枯れた色に似ているから」という見方まで生んだほど、赤はポピュラーな毛色。

最もなじみのある柴犬といえば、ボクのタイプかな

主な色は、赤・胡麻・黒の3色

柴犬といえば、こんがりトーストのような明るい茶色を連想する人が多いでしょう。この色は柴犬の犬種標準では「赤」と呼ばれていますが、実際、柴犬全体のほぼ8割を占めています。

ほかにも、数は少ないながら「胡麻」や「黒」と呼ばれる毛色のものがいます。「胡麻」は赤、白、黒の3色が全体に混じり合った毛色のものをいいます。

柴犬の「黒」は、洋犬によくあるような光沢のある真っ黒とは違い、鉄錆色で目の上にもタンマーキングがあります。

いずれの毛色も体全体が1色というわけではなく、色合いの淡い部分があります。

3色も混ざっているけど、根元のほうはみんな淡い色になってるんだ

胡麻

赤、白、黒の混ざりぐあいはさまざま。全体に黒っぽく見えるものを「黒胡麻」、赤っぽく見えるものを「赤胡麻」という呼び方もある。

黒

鉄錆色の乾いた感じの黒。光沢のある真っ黒やチョコレート色ではない。また黒1色ではなく目の上や裏白の出る部分に淡い赤が入る。

見慣れないかもしれないけどボクも立派な柴犬です。お見知りおきを

正面から見るとお腹が白いのが分かる

裏白が柴犬の特徴

いずれの毛色の場合も、よく見ると、体の部分によって濃淡があるということに気がつきます。頬から顎の下や首にかけて、また胸の下、腹、四肢の内側、尾の裏側が白に近い淡い色になっています。これを「裏白」と呼び、柴犬の大きな特徴になっています。

「黒」の柴犬も尾の裏側は白に近い淡い色になっている

column 1

日本人には日本犬が合うのはなぜ?

私たち日本人がまず「犬」と聞いて真っ先に思い浮かべるのは、素朴で精悍《せいかん》な柴犬の姿ではないだろうか。

柴犬のルーツは古く縄文時代にあり

日本犬の歴史は古く、縄文時代の遺跡にはすでに犬の骨が見られます。人間の遺骨を守るような形で埋葬されており、縄文人と犬の絆の強さが偲ばれます。発掘された犬は、縄文前期のもので体高37〜41㎝、まさしく現在の柴犬くらいの大きさです。

また古代の日本犬が外観的に「立ち耳、巻き尾（あるいは差し尾）」という特徴を備えていたことは、弥生時代の遺跡から発掘された土偶《どぐう》や埴輪《はにわ》の犬、銅鐸《どうたく》に描かれた文様《もんよう》などから明らかです。

このような事実から、日本犬のルーツは古く縄文・弥生時代にさかのぼるといえます。以来、日本犬は長い間、主に猟犬や番犬として日本人に仕えてきました。

日本人の心の原風景に焼きついている日本犬

さて、アメリカの子供たちに「犬の絵を描きなさい」というと、大半がスヌーピーのような垂れ耳の犬を描くそうです。

日本人の場合はどうでしょうか。洋犬を飼う家庭が増えた昨今ではありますが、やはりある世代以上の人たちが「犬」と聞いて思い浮かべるのは「立ち耳・巻き尾」の日本犬のようです。

日本人の心の中の原風景には、野山を駆け回る素朴で飾り気のない犬、主人のみをひたすら慕うけなげな日本犬が、住みついているような気がします。

昔話に登場する日本犬

日本人の犬のイメージ定着には、昔話に登場する犬たちもひと役買っているようです。「桃太郎」に出てくる犬は、日本犬的気質を発揮して、鬼退治にでかける桃太郎の最も信頼できる家臣として大活躍。「花咲かじいさん」の白い犬も「ここ掘れ、ワンワン」とお世話になった正直じいさんに宝のありかを教えます。

日本人なら誰しも一度は読んだことがあるなつかしい昔話ですね。日本的な農村風景の中に遊ぶ犬は、やはり日本犬がよく似合います。日本人の心の故郷に出てくる犬ともいえるでしょう。

第1章 柴犬の人気の秘密をさぐる

第1章

小柄ながら体中から日本犬らしさが輝いています！

日本犬のよさを凝縮《ぎょうしゅく》した柴犬はトップクラスの人気者

威厳があり、飼い主に忠実な柴犬は常に高い人気がある。そのりりしい姿は人々を引きつけてやまない。

日本犬の中でも一番の人気者！

洋犬がはやっている昨今でも、日本犬のよさが集約されている柴犬は、小型で特に飼いやすい日本犬として、常に安定した高い人気を誇っています。

ジャパンケネルクラブ（ＪＫＣ）の年間登録頭数を10年間見てみると、10位～12位をいったりきたりといった感じで、人気の順位が毎年ほとんど変わっていないことがわかります。これに日本犬保存会や天然記念物柴犬保存会などの登録頭数を合計すると、毎年登録されているニューフェイスがざっと4万頭を超えています。この数をＪＫＣの全犬種順位に当てはめてみると上位に入ることになります。根強い柴犬人気が感じられる数字です。

小さな体に日本犬の魅力がいっぱいの柴犬

日本犬保存会によると「悍威《かんい》、良性、素朴」が日本犬の特質とされています。

悍威とは「気迫と威厳があるさま」、良性とは「忠実で従順であること」、素朴とは「飾り気のない地味な気品と風格

を備えているさま」を意味します。

こうした特性を持つ日本犬の中でも、柴犬は最も小型になります。きちんとしつけさえすれば、子供でも女性でも扱える飼いやすい大きさということもあって、日本犬の中で最も人気があります。

引き締まった精悍な風貌、きびきびとした敏捷な動作、我慢強く賢い性格、家族愛の強さ、環境に対するすぐれた順応性……柴犬はそのコンパクトなボディーに日本犬のよさをすべて凝縮《ぎょうしゅく》しています。

日本の風土に合った飼いやすい犬

シベリアン・ハスキーのような北方原産の犬にとって日本の夏が厳しすぎるのに対し、柴犬は太古の昔から日本で暮らしてきた犬。さすが日本の風土、気候に適しています。四季の変化にも、無理なく適応できます。

また柴犬の被毛は、日本犬共通の特徴である硬いストレートの短毛ですので、手入れも特に難しいことはありません。毎日の運動後のブラッシングと2か月に1度程度のシャンプーで、こと足ります。耳も立ち耳なので、通気性もよく、特に定期的な掃除は必要になりません。

そのうえ、体質的にも丈夫な犬ときています。変に気を遣いすぎることなく、ごく自然につき合える犬として人気が高いのも当然のことと思えます。

柴犬の名前の由来はいろいろ

シバとは古語で「小さい」という意味。柴垣を楽々くぐり抜けられるほど小さいからという説も。昔から今でいう中型犬より小型な犬だったのでしょう。また、毛色が枯れた柴の色に似ているからという説、狩猟犬として巧みに柴の間をくぐり抜けて獲物を追っていたからという説もあるようです。

柴犬以外の日本犬には秋田犬、紀州犬というように出身地域の名がついていますから、柴犬の分布が広範囲にわたっていたということもうかがえます。

ずっと以前から日本にいる柴犬には日本の風景がよく似合う。

第1章

古くから愛されてきた柴犬とはどんな犬なのでしょうか。

日本犬の代表格。りりしくて素朴、野性的な魅力を持つ柴犬

一度飼うと病みつきになるという柴犬

世の中にさまざまな犬種が存在するといえども、「犬を飼うなら柴犬！」という熱烈なファンが大勢います。

「一度柴犬のよさを味わってしまうと、2代目、3代目も結局柴犬しかないという気持ちになる」と、何代も柴犬ばかりを飼い続ける人たちもいます。

そんなにまで人の心を捕らえてやまない柴犬の魅力とは、何なのでしょうか。

柴犬の魅力を探究する

柴犬はアウトドアが似合う犬です。野山に解き放たれると、雑木林を風のごとく駆け抜け、小川を軽々と飛び越え、疲れ知らずに自然と一体化する……このような柴犬の持つ野性味あふれるすぐれた運動能力は、何物にも代えがたい魅力の1つといえます。単に愛玩的にかわいいというのではなく、原始的な犬の姿を、非常に強く感じさせるのが柴犬です。

飼い主、家族にはたいへんなつくのですが、かといって始終ベタベタ甘えたがるというのでもありません。犬としての

自然の中では野生味あふれる柴犬の本領が発揮される。

柴犬の飼い主に聞きました 愛犬の困った点は？

共通して多かったのが、①散歩中に出会う他の犬と仲よくできない②来客に吠える③頑固という意見です。

柴犬は警戒心、野性味がともに強い犬なので、①や②のような行動を取ってしまいます。しかし番犬も度を越すとやはり近所迷惑。命令で吠えやむことを教えます。頑固一徹の犬にしないためにも子犬の頃から服従訓練を入れると素直に育ちます。

自分のスタンスをきっちりと認識しているようなところがあります。よくいわれるりりしいという印象は、そんなところからもきているのでしょう。

また、主人だけをひたすら慕い、他人にはなかなか心を開かない傾向があります。加えて、鈍感なところがなく警戒心も強いので、優秀な番犬となります。忠誠心に満ちた律儀《りちぎ》で純情な柴犬と接していると、自然に飼い主のほうもそれに応える愛情をかけることになり、そこに強い信頼関係の絆《きずな》が作り上げられるわけです。聡明で思慮深いので、飼い主のこともよく見ていて、気持ちを察知する能力にたけています。子犬の頃からひんぱんに話しかけて育てると、ますますその長所が磨かれることでしょう。

もちろん、性格的なものだけでなく、柴犬の容姿―むだのない美しい体と気品あふれる顔―も柴犬ファンにとっては、たまらない魅力です。

心身ともに、素朴で奥ゆかしい柴犬は、まさしく日本犬の代表格といえます。

柴犬の飼い主に向いた人とは

柴犬の魅力は、別の角度から見ると、飼育上の欠点につながることもあります。前ページのコラムに出てくるような行動は、しつけでかなり改善されますが、柴犬とすればある程度当然のこととも思われます。長い期間かけて遺伝子にしっかりと組み込まれた柴犬の性質上の特徴を表わしているだけなのですから。柴犬に、おっとりとした人見知りや犬見知りをしない、誰にでも愛想のよい犬―例えばゴールデン・レトリーバーのような犬―になってほしいと願うのは、むりな相談です。それよりも、柴犬らしさを心から愛し、その長所を伸ばす形で必要なしつけをほどこせる人が、飼い主に向いているといえるでしょう。柴犬のほうもそういう飼い主に出会うことで幸せになれます。

愛情を持って接することで、強い信頼関係が生まれる。

第1章 体質的に丈夫なのも飼いやすさのポイント

基本的な健康管理を怠らなければ、至って健康な犬です。

犬種特有の遺伝性疾患を持たない

純血種の犬には、たいてい何か、その犬種特有のかかりやすい病気といったものがあるのですが、柴犬にはそれが特に見当たりません。体質的に非常に丈夫な犬といえます。これは、飼育上とても重要なポイントです。

しかし、いくら丈夫な犬といっても、病気にかからないということではありません。また、柴犬は性格的に我慢強いので、あまり飼い主に大げさに訴えるということもしません。

ついいろいろなことを耐えてしまう柴犬の性格と、飼い主の「柴犬は丈夫」という過信とが災いして、病気の発見が遅れないように気をつける必要があります。

季節ごとの健康管理

春

ノミ、ダニにご注意。フィラリア対策もお忘れなく。

冬毛が抜ける換毛期に入ります。まめにブラシをかけて死毛を取り除くこと。ノミ、ダニも多く発生する季節。滴下《てきか》式の薬が効果的です。フィラリア対策の薬を飲ませ始めるのもこの季節からです。

夏

体を清潔に保ってあげましょう。

暑さで体も蒸れて不潔になりがちです。行水《ぎょうずい》も兼ねて、月1回くらいのペースでシャンプーします。洗ったあとは、タオルでしっかりと乾かしてあげること。自然乾燥は皮膚病の原因になります。

秋

再び換毛期。犬にとってはいちばんすごしやすい季節。

冬支度のために、再び換毛期が訪れます。被毛の手入れをひんぱんに。暑さがやわらいで、低下していた食欲も回復してきます。運動量を増やしながら、食べすぎにも注意しましょう。

冬

丈夫な犬とはいえ、最低限の防寒対策は必要。

屋外飼育の場合は、犬舎に毛布を入れたり、隙間風が入らないような工夫をして、防寒対策をしてください。シャンプーは晴れた暖かい日にするようにし、水気が残らないように完全に乾かします。

いくら丈夫な柴犬でも健康管理はしっかりと。

フィラリアと皮膚病の対策を

病気を見逃す心配をしなければならないほど基本的に丈夫な柴犬ですが、予防的にしておくべき対策がいくつかあります。

まず、フィラリア対策です。蚊を媒介とするこの病気は、体質が丈夫であるかどうかとは関係なく、すべての犬に感染する可能性があります。住んでいる地域によって、多少時期のズレはありますが、蚊が出始める春から完全にいなくなる秋の終わりまで、毎月1回フィラリアの予防薬を忘れずに飲ませてください。これだけでこの恐ろしい病気から守れるのですから。

次に、手入れ不足からくる皮膚病にも注意しましょう。柴犬の被毛は、上毛と下毛の二重構造になっていますので、春と秋の換毛期には、相当の量の被毛が生え換わります。この時期に手入れを怠ると、体に死毛がまとわりついたまま長い期間すごすことになり、皮膚病の原因になります。皮膚病は、かかってしまうとなかなか完治しにくい厄介な病気です。こまめにブラッシングをして換毛を促すようにします。この時期にブラッシングしながらシャンプーをすると、一度に古い毛が抜けて、効果的です。

また、ノミやダニが原因となるアレルギー性皮膚炎もあります。予防には、とにかくノミやダニを寄生させないことがいちばん。今は滴下《てきか》式のよい薬が出ていますので、春先から使用するようにします。

ウイルス性の伝染病の予防も

恐ろしいウイルス性の伝染病にも、無防備な状態でいるとかかる可能性が高くなります。成犬になってからも毎年、予防のための混合ワクチンを接種させます。

大切な愛犬の健康を守るためにブラッシングと伝染病対策は忘れずに！

第1章

屋外はもちろん室内飼育もOK

順応性が高いので、室内での暮らしにも適応できます。

室内飼育は、犬との深い交流が魅力

日本では伝統的に「犬の飼育は外で」という考え方でしたから、柴犬も屋外で飼われるケースがほとんどでした。

しかし、最近ではペット可のマンションで柴犬と暮らす人をはじめとして室内飼育派も増えています。

室内飼育の魅力は、何といっても犬との深いコミュニケーションが取れることでしょう。柴犬はもともと反応のよい犬ですが、ますますそれが磨かれ、飼い主の気持ちを深く汲み取る犬になります。生活をともにしている実感が強く、愛犬の健康上の細かい変化にも即対応できるという長所もあります。

ただし換毛期の抜け毛の多さは、ある程度覚悟しておく必要があるでしょう。

屋外飼育は犬が快適にすごせるよう配慮して

屋外飼育の場合は、犬舎を置く場所をよく選んでください。人通りが激しい通りに面しているような場所は、犬が落ち着けず不適当です。むだ吠えの原因になることもあります。

外の犬からも家の中からも、お互いの様子が見える、静かな環境に犬舎を置くようにします。また、柴犬は我慢強いのでいろいろな悪条件をつい耐えてしまいますが、夏は涼しく、冬は暖かくすごせるような気配りもしてください。湿気の多いじめじめした犬舎というのも犬の健康にとっては最悪です。通気性をよくして、いつも乾燥した清潔な状態にします。

犬を育てるには飼い主の愛情が必要。屋内外どちらで飼うにしても十分なコミュニケーションを！

屋外飼育の場合

①風通しのよい場所に犬舎を置く
通気性をよくして、いつも乾燥した状態を保ちます。

②犬舎の周囲に運動スペースを
鎖でつないで飼うのではなく、フェンスで犬舎を囲い、2～3坪の自由運動ができるスペースを作ってあげます。

③高床、板張りの床
湿気を防ぐために10㎝以上地面から床を高くします。また気温の変化にも優しい板張りの床が適しています。

④夏は涼しく、冬は暖かく
日差し、風向きなどを考慮します。

室内飼育の場合

①居場所を作る
犬専用の、安心して休める居場所を確保することが大切。サークルで囲った中に犬用のベッドを置きます。留守番のときやひとりになりたいときは、その中に入ってくつろぎます。

②トイレを教える
柴犬は室内で飼っていても散歩のときまでトイレを我慢してしまう犬が多いようです。飼い主のほうもそれを喜ぶ傾向がありますが、犬が病気になったときのことを考えると、室内での排《はい》泄《せつ》も教えておくべきです。

column2

海外でも人気が高い柴犬

世界各国で多くの人々に愛されています

海外でも柴犬人気沸騰中…

柴犬の人気は日本国内のみならず海外でも年々高まってきています。インターネット上ではアメリカを中心として世界各地の柴犬愛好家のホームページが多数見られ、日本の柴犬ファンも顔負けの愛好ぶりがうかがわれます。

人為的な改良が加えられていない素朴な外貌、日本犬的な気質、手入れをふくめた飼いやすさなどが「全犬種の中でも最も万人に受け入れられる、普遍的な魅力を持った犬」（ナショナル・シバ・クラブ・オブ・アメリカ）と評価され、愛される理由なのでしょう。

ドッグスポーツやセラピー活動に活躍する海外の柴犬

コンパニオンドッグの歴史の長い欧米では、柴犬とともにドッグスポーツやセラピー活動に参加し、楽しんでいるオーナーもたくさんいます。

日本犬は洋犬に比べ、性格やしつけやすさより体形を重視してきた感があるので、必ずしもこれらの活動が得意な犬種とはいえないのですが、彼らは柴犬個有のよい面を上手に引き出して、育てているようです。

世界のドッグショーでも注目されている柴犬

その人気を裏づけるように、海外のドッグショーでも最近は安定した数の柴犬のエントリーがあります。2000年は、アメリカのウエストミンスター展で22頭、イギリスのクラフト展では83頭の柴犬が出陳され、活躍しました。

海外でも多くの人々に愛されている柴犬。その素朴な魅力は広く世界に認められている。

第2章

あなたにフィーリングがぴったりの柴犬

第2章

末長くおつき合いするパートナー、どこで購入する？

人気の柴犬、その入手先はさまざま。賢く選びましょう。

ペットショップで

いちばん身近な入手先ですが、どのような衛生管理をしているか、アフターケアの問題など、店員さんに質問してみましょう。何軒か回って比較することも大切です。

ブリーダーから

柴犬を専門に繁殖しているブリーダーは、その性質や飼育法を熟知しているので、いろいろ聞けて安心です。愛犬雑誌の広告や、犬の登録を行う畜犬団体などから、ブリーダー情報を見つけることができます。

自分の目で確かめて納得のいく子犬選びを

素朴な中にも日本犬の気品と気迫を漂わせ、家庭で飼いやすい小型犬として根強い人気の柴犬。そんな魅力たっぷりな柴犬をこれからパートナーとして迎える場合、どこで入手したらいいのでしょう。

　ペットショップやブリーダー、知人など、いろいろな入手先があります。どこで手に入れるにしても、いちばん肝心なのは、子犬を必ず自分の目で確かめること。できれば、親犬も見られたり、どんな環境で育ってきたのか子犬のルーツを聞いたりすることも、これから一緒に暮らしていくうえで、しつけの面などの重要なポイントになるはずです。

　衝動的に選ぶのではなく、さまざまな

一緒に暮らすパートナー、納得いくまでじっくり選ぼう。

獣医師・知人の紹介

獣医さんに柴犬の出産があったら声をかけてもらうよう頼んでおいたり、知人に飼っている人がいたらお願いしたり紹介してもらう方法も。

インターネット上で

最近さまざまなホームページがあります。犬の通販や、動物愛護団体、また、柴犬を飼っている個人が開設していたり、意外なところで情報があるかも。

訓練所から

犬を預かって、しつけや訓練を行う訓練所もたくさんあります。中には、訓練所が所有している柴犬を繁殖させている場合もあるので、問い合わせてみるのもよいかもしれません。

最後まで責任を持って飼える？

犬を飼うにあたって、家族でよく話し合いましょう。現在の住居や周囲の環境、また、予想されるであろう転居や子供の成長による家族の変化など、これらの条件をクリアして、最後まで責任を持って飼い続けることができますか？　もちろん、毎日の食費だけでなく、病気の予防や治療費などの必要経費、毎日の運動なども欠かせません。

ペットブームといわれる昨今、その反面、飼いきれなくなって捨てたり、虐待するケースも跡を断ちません。また、愛犬家のマナーも問題になっています。柴犬は“一生に一主人”といわれるほど、堅い忠誠心を持っています。それに応える意味でも、最後まで愛情を持って育てましょう。

情報をよく見てよく聞いて、すてきなパートナーを見つけましょう。

第2章 ライフスタイルに合った飼い方をしよう

子犬選びは自分の目で、細かいところもしっかりチェック。

牡、牝どっち？　将来のことも考えて決めよう。

牡犬、牝犬、どっちが飼いやすい？

さあ、いよいよ子犬選びです。まず、牡か牝か？　悩むところですね。

柴犬は猟犬として、また番犬として働いてきた犬です。愛玩犬だけでなく、よき番犬として育てたい場合、より勇敢で力強い牡犬のほうが適しているでしょう。

子供を産ませたいということなら、もちろん牝犬。しつけの面でも一般的に牝犬のほうが穏やかな性格をしています。

牡犬、牝犬どちらにしても、柴犬の性質を理解し、上手に教育することで、すてきなパートナーになることでしょう。

室内で飼う？　それとも屋外で飼うのがいい？

猟犬として野山を駆け回っていた柴犬ですから、屋外で自由にさせるのが理想です。しかし、順応性を持っている犬なので、室内でも飼育は可能です。

室内で飼う場合、運動と日光浴を十分させること。春と秋の換毛期には大量の毛が抜けるので、まめに掃除が必要です。

屋外で飼う場合は、湿気や風通しなどの面を考え、犬舎の場所に気をつけます。

ライフスタイルに合わせて室内、屋外を選び、いずれにしても近隣の迷惑にならないよう、むだ吠えの対策は万全に。

同じ親でも1頭1頭個性がある

人間の兄弟でも、それぞれ性格が違います。犬だって同じこと。子犬に向かって声をかけた場合、その子の性格によって反応は違います。喜んで駆け寄ってきたり、無関心だったり、こわがったり……。好みのタイプを選ぶときの目安にしましょう。

元気でかわいい子犬を選びましょう

かわいいだけで選ぶのではなく、体の隅々まで細かいチェックを。抱いてみて、骨組みがしっかりしており筋肉質で堅いのが元気な柴の子犬の特徴です。また、行動を観察したりして、子犬の性格や反応を見てみることも大切です。

湿った 鼻

鼻は黒く、冷たく湿ってつやがある。鼻水は出ていない。

澄んだ 目

澄んだ瞳は黒に近い暗色。まわりが目ヤニや涙でよごれていないこと。

におわない 口

厚く丸みがあり、引き締まった口吻。歯の噛み合わせがよく、口臭がない。

きれいな 耳

適度な厚さを持った三角形の耳。中がベタベタしていたり悪臭がしない。

しっかりした 四肢

真っすぐに伸びて、ある程度の太さがあり、骨格がしっかりしている。

つやのある 被毛

健康的なつやや、手ごたえがあるほどの張りを持つ。湿疹やノミなどがいない。

清潔な 肛門

しっかり締まり、周囲がよごれていない。下痢などをしていないかどうか確認。

弾むように飛び回るのは明るい性格の持ち主

自由に行動する様子を観察してみて、元気に飛び回ったり、他の犬と楽しそうにじゃれ合う子犬は明るい性格。

「オイデ」というと喜んで駆け寄ってくる子は社交性がある

「オイデ」と呼びかけたとき、喜んで駆け寄ってくる子は、社交性があり、素直な性格。誰からも愛される犬に育つ可能性が高い。

第2章

お互いの愛情と信頼関係によってしつけが決まります。

賢く育つ育たないはすべて飼い主次第

しつけやすい犬にするアイコンタクトの習慣

とても利口で従順な性質といわれている柴犬。その反面、頑固なところもあるので子犬のときから自由にさせすぎると、わがままになってしまうことも。

人間も犬もお互いが快適な共同生活を送るためには、人間社会において守らなければならないルールを犬に教えていく「しつけ」が重要になってきます。

むりやりに教え込もうとするのでは、うまくいきません。しつけを成功させるには、飼い主と犬の間に深い愛情と信頼関係がなければ成り立たないのです。

まずは、子犬との意思疎通をはかるためにアイコンタクトを習慣づけましょう。

名前を呼んだときに飼い主に注目をさせるのがアイコンタクトです。犬の注意力を集中させることによって、しつけや訓練などが覚えやすくなります。

子犬が家にきたときからさっそく始めましょう。名前を呼び、犬が顔を向けたら、おやつやおもちゃなどを持って、あなたに注目させます。子犬と目が合ったら、よくほめ、ごほうびを与えます。徐々にごほうびがなくても名前を呼ぶだけで、注目できるようにしていきましょう。

子犬のときから多くの人に馴れさせる

子犬にとって生後2～3か月は、好奇心旺盛で、警戒心が少なく、人間社会に適応するのにふさわしい時期です。

犬と目を合わせる

飼い主に注目させるアイコンタクトで愛犬の集中力を養い、しつけしやすい犬に育てる。

人に馴れさせる

子犬の時期に、より多くの人に愛情を注いでもらうことで人間との信頼関係が深まる。

柴犬は飼い主に忠実なあまり、他の人になつきにくいところがあります。誰とでも明るくのびのびと接することができるよう、子犬のときから人に馴れさせましょう。

まず、家にきてから1週間は、静かに新しい環境に慣れるのを見守ります。子犬が家族や新しい生活になじんできたら、家族以外の人にきてもらい、子犬と遊んでもらいます。より多くの人と接することによって、成犬になっても見知らぬ人に対し恐怖心が少なくなります。

人間の子供と同様、よい子で賢く育ってほしいもの。

人間と犬との正しい上下関係を明確にする

柴犬に限らず、犬は本来、群れを作り、その中でリーダーを決め、リーダーの命令に従って生活をしてきました。群れの間にもそれぞれ順位をつけ、上下関係を大切にする習性を持っています。

人間の家族という群れの中で、飼い主は必ずリーダーにならなければなりません。つい、かわいいからと甘やかしたり、わがままを許していると、犬は家族の中で自分がリーダーだと思ってしまうのです。そうなったらたいへん。しつけどころか、飼い主の頭を悩ます問題犬に育ってしまいます。これでは人間も犬も快適な共同生活が送れません。

飼い主がリーダーであるということを常に態度で示し、人間と犬との正しい上下関係を明確にさせましょう。

食事はまず人間が先に食べる

リーダーが必ず先に食事をするのが基本。どうしても忙しいときは、ひと口でも先に人間が食べ、そのあと犬に食事を与える。

散歩にいくときは先に玄関を出る

犬は嬉しさのあまり先に外に飛び出そうとしますが、玄関を出るときも帰ってきたときも必ず飼い主が先に出入りを。

第2章

多頭飼いは先住犬を優先に

上手に双方を安心させて、犬同士の関係を尊重します。

飼い主は上手にリーダーシップを取る

子犬を新しく迎える際、すでに先に飼っている犬がいるときは、飼い主は上手にリーダーシップを取ることが大切です。野生時代からの習性で、犬は縄張り意識が強い動物です。先住犬にとってみれば、新しくきた子犬に自分の縄張りを侵されるのではと警戒心をいだいています。もちろん、初めての環境にとまどっている新入り犬も緊張しています。

一度仲間と認めてしまえば、相手に対し深い愛情を示すのが、日本犬である柴犬の特徴です。飼い主は間に入って、優しく新しい仲間であることを教えて、お互いの犬を安心させてあげましょう。

どんなときも先住犬に優先権を与える

柴犬は飼い主に従順で、その絆をより

新しい犬との上手なひき合わせ方

1 飼い主が新しくきた子犬を抱いているか、先住犬をつないでおいて対面させる。

2 犬同士が相手のにおいを嗅ぎ始め、何ごともないようなら仲よくなると考えてよい。

今日からボクも新しく仲間入り、みんなとうまくやっていけるかちょっと心配。

飼い主が上手にリーダーシップを取り、新しい仲間を迎え入れよう。

大切にしています。子犬がきたとたん飼い主がそちらにばかり気を取られていると、先住犬は嫉妬心から子犬に対して攻撃的になったり、ストレスなどでさまざまな問題行動を起こす場合があります。

先住犬に対して、これまでと変わりなく愛情を注ぐことはもちろんのこと、どんなときも常に優先権を与えてあげるようにしてください。

食事を与えるとき、かわいがって撫でてあげるときも、散歩にでかける際の引き綱をつけるときや、玄関の出入りのときなど、必ず先住犬を先にします。

こうして優先順位をつけることにより、子犬も上下関係を認識するようになっていきます。

飼い主は犬同士の関係を尊重して接するよう心がけましょう。

叱るときは片方に見えないところで叱ります

けんかが始まりそうになったら、別々の部屋に連れていき下位の犬から叱る。

両方を叱ったあと、上位の犬からもといた場所で自由にさせる。そのあと下位の犬も連れてきて一緒にする。

猫を一緒に飼う場合

寂しがりやで甘えん坊な犬と自由気ままにマイペースで生活する猫とは、どちらも性質や習慣の異なる動物です。それぞれがストレスを感じずに生活できる環境を作ってあげること。

犬の届かない場所に猫のスペースを作り、トイレなども犬が入れないようにします。少しずつ食べる猫の食事も、犬が食べてしまわないよう、食器を高い場所に置くなど気をつけます。

第2章

わが家だけのルールを決めておこう

快適な共同生活を送るためには、きちんとルールを守らせます。

一緒に生活するうえで必要なルールを決める

柴の子犬はコロコロしていて、とてもかわいいもの。ついつい甘やかしてしまいたくなる気持ちもよくわかります。でも、人間と一緒に生活する上でのルールをきちんと守らせるようにしないといけません。人間の子供も、やってはいけないことを教えてあげないとわからないのと同様、子犬にも教育が必要です。

柴犬は学習能力が高く、飼い主と認めた人には忠誠を尽くします。そんなすばらしい素質を生かし、よきパートナーになるかならないかは、飼い主次第といっても過言ではありません。

犬の習性や性質を理解し、子犬を迎える前に、どんなことをしたら叱るか、あらかじめわが家なりのルールを決めておきましょう。

上手にほめて上手に叱る

しつけをするというのは、ただ叱ってばかりではありません。よいことをしたときには上手にほめて愛情たっぷりにス

ほめると叱るは９：１の割合で行うのがしつけの基本。

叱るときの言葉を統一する

子犬を叱る際に「ダメ」「コラ」「イケナイ」など家族の人によっていろいろ違う言葉を使うと、犬は頭が混乱してしまいます。

必ず、家族全員が犬に対して同じ言葉で叱ること。ほめる場合も同様です。

根気よく同じ言葉をくり返すことが、しつけを早く理解させることになります。

子犬を迎える前に、家族で話し合っておきましょう。

ベッドでは一緒に寝ない

飼い主のベッドで犬を一緒に寝かせてはいけません。人間と同等に扱っては上下関係がわからなくなります。

家族全員の協力で愛犬にルールを教えよう。

キンシップを取ることも大切です。

また反対に、いけないことをした場合には厳しくいってやめさせます。決して感情的になってはいけません。いつも飼い主の顔色を見る、オドオドした犬になってしまいます。

ほめるときはオーバーなくらい愛情を込めて、叱るときは厳しく冷静に。それによって子犬には、してよいことと悪いことの区別がはっきりしてくるのです。

人間の食事は絶対に与えない

家族の食事中にねだりにきても、与えないようにします。一度でも許すと、毎回人間の食べ物をほしがるようになります。

また、叱ったりほめたりするタイミングも重要です。その瞬間か直後に行わないと、時間がたってからでは、犬は何の意味なのか理解できず、こちらの気持ちが通じませんから気をつけましょう。

家族全員が同じ態度でしつけを実行しよう

わが家でのルールが決まったら、必ず全員が同じ態度でしつけを実行しましょう。家族のひとりが犬を叱っているとき、他の誰かが犬に同情してはいけません。

犬は、リーダー以外の群れのメンバーにも順位をつける習性を持っており、その中で自分を上位に置こうとします。家族の中でリーダーと認めた人の命令には従っても、他の人たちを自分と同じか下の順位に置こうとしがちなので、リーダー以外の人たちの命令には従わないといったことが起きます。

人間と犬との上下関係を認識させ、誰の命令にも従わせる意味でも、家族全員が同じ態度で臨むことが大切です。

第2章

子犬がきた日はかまわずにそっとしておく

新しい環境に入って疲れている子犬を十分休ませてあげましょう。

子犬がくる日のスケジュール

食事などを分けてもらう

前の飼い主から食事の内容などを聞き、できれば同じものをいくらかもらってくる。

午前中に出発する

明るい昼間のうちから十分に見てあげられることで、子犬の不安を少しでもやわらげられる。

子犬の抱き方

優しく前足と胸の間に手を入れ、後ろ足とお尻を片方の手で固定する。

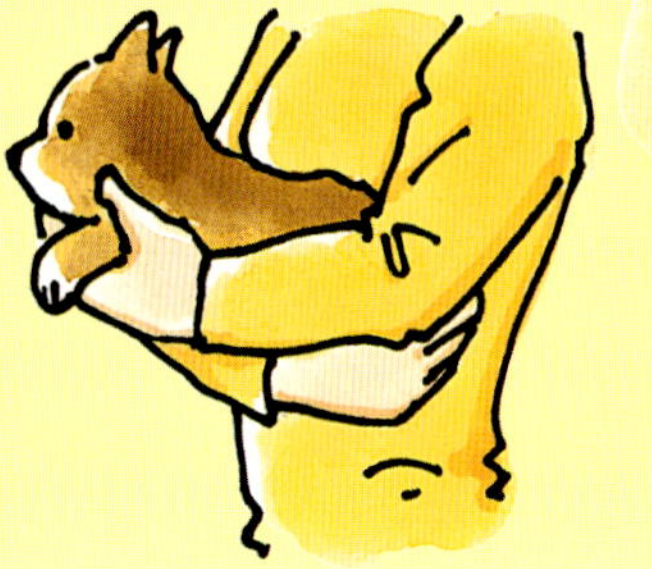

子犬を迎えに行く前に家の中の環境を整える

さあ、いよいよ子犬がやってきます！　迎えに行く前にもう一度、家の中の環境を確認しておきましょう。犬舎やトイレを置く場所は決まっていますか？　何度も位置を変えては子犬が混乱してしまいます。柴犬は、極端な暑さ寒さに弱いので、慎重に置く場所を選んでください。

また、子犬を入れておく部屋に、危険なものや、いたずらしそうなものはないですか？　大事なものをこわされたり、危険なものを誤って口に入れたりするとたいへんです。きちんと片づけておきましょう。

子犬を連れてくるのは、できれば午前中がいいでしょう。見知らぬ場所に連れてこられて不安でいっぱいな子犬を、昼

短時間で移動する

移動が短時間ですむ車で連れて帰るのがベスト。優しく膝の上にだっこしてあげて。

家に着いたらゆっくり休ませる

知らない場所に連れてこられて、子犬は疲れている。新しい環境に慣れさせるためにも、ゆっくり休ませることが必要。

夜鳴きをしても無視する

不安感から夜鳴きをしても、そばに行っては逆効果。鳴けばきてくれると思ってしまうので、無視すること。

間の明るいうちから十分に見守っていてあげられます。

前の飼い主から、食事の内容や量、時間などを聞いたり、排泄のことや予防接種などのことを聞いておくのも大切です。

また、子犬が少しでも落ち着けるように、今まで使っていた敷物などをもらってくることも忘れずに。

家にきたら慣れるまでそっと見守ってあげる

家に到着したら、もらってきた敷物などを犬舎に入れてやって、その中で子犬をゆっくり休ませてあげましょう。かわいいからとついついかまいたくなるでしょうが、それが子犬のストレスの原因を作ります。新しい環境に慣れるまでそっとしておきましょう。

また、不安感などから、食欲がなかったり、夜鳴きをしたりすることもありますが、2～3日もすれば、おさまりますから大丈夫。一日も早く新しい環境になじむよう、子犬をみんなでそっと見守っていてあげましょう。

column3

揃えておきたい犬グッズ

家族の一員となる子犬のために必要なものあれこれ

子犬を迎える前に、必ず用意しておきたいものがいくつかあります。食事、排泄、居場所に関係するものです。これらは子犬が到着する前に置き場所も決め、設置しておきます。

ペットショップにはさまざまな犬グッズがあふれています。用途に合わせて、使いやすい・丈夫である・衛生管理がしやすい・安全性が高いといったことに着目して選んでください。

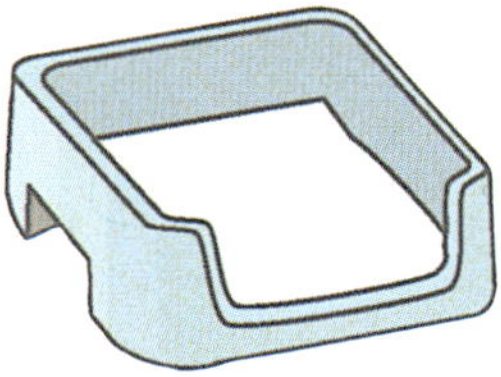

トイレトレー
成犬になったときのことを考慮して、大きめのものを用意したい。

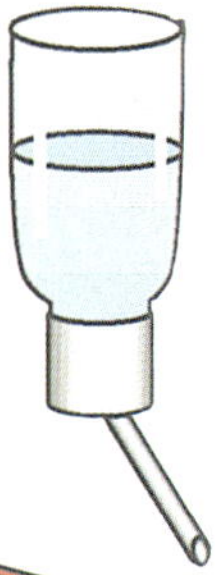

給水器
水の中に埃《ほこり》などが入らず衛生的。また器《うつわ》を引っくり返すという心配もない。

ブラシ
短毛種用の獣毛ブラシを使って、子犬時代からブラッシングに慣れさせる。

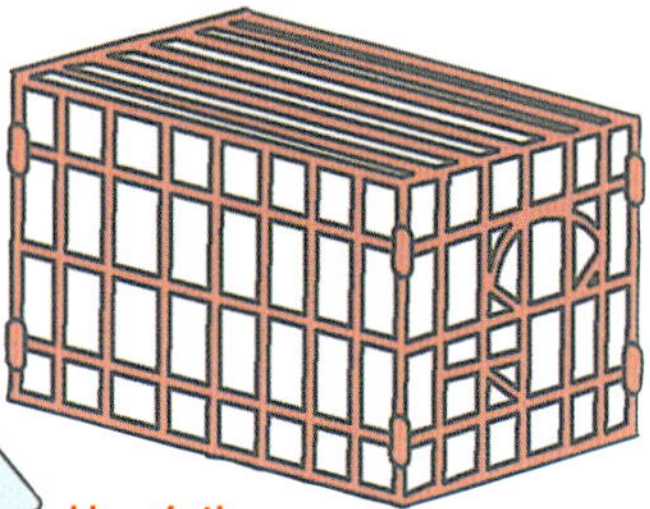

サークル
子犬の成長に合わせて大きさを調整できるパネル式のものが便利。

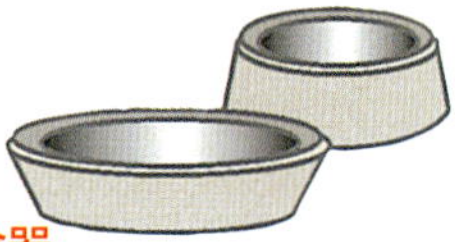

食器
厚手の陶器や、底に滑り止めのついたステンレス製のものが使いやすい。

首輪
子犬用には細くて軽い布製のものがお勧め。首への負担が少ない。

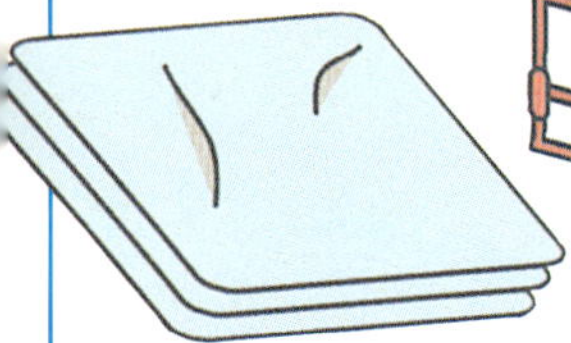

トイレシーツ
吸水性、脱臭力が高いものを選ぶ。子犬時代は大量に必要だ。

おもちゃ
かじりたいさかりの子犬のストレス発散のために。安全なものを。

リード 広場などで自由に遊ばせるとき用に、伸縮リードがあると便利。

第3章

賢い柴犬に育てよう

第3章

子犬期（2か月～6か月）の成長の目安

トイレのしつけは子犬のうちから

栄養のよい食事を与え10日に1度は体重測定

ブリーダーの犬舎で生まれ育った子犬が新しい飼い主となる家庭へ引き取られて行くのはたいてい生後2か月の頃です。親犬や兄弟犬とともに暮らしている間に犬としての社会性を身につけ、そのうえでこれから共同生活を始める人間たちの社会のルールをしっかり覚えていくのには、この生後2～3か月が最適なのです。

この頃から生後6か月あたりへかけては犬の一生を通じて最も成長率が高い時期。心も体もめざましい発達をとげますから、栄養バランスのよく取れた食事を与え、同時に人間との暮らしのルールやマナーも十分に教え込んで行ってください。10日に1度は体重測定を忘れずに。

厳しく叱るだけでなく十分な愛情も示そう

柴犬は警戒心の強い犬だといわれますが、これは縄張り意識の表れで、自分が飼われている家とその周辺を守ろうとするこの意識がはっきりしてくるのもこの時期です。他人に気を許すことなく主人にひたすら忠実という性格は柴犬のすぐれた特徴でもありますが、番犬としてだけ飼うのが目的でないのなら、吠えたり噛みつこうとしたりする癖はこの時期によく教えてやめさせるようにしつけましょう。

しつけは飼い主と犬との信頼関係の上に築かれます。厳しく叱るだけでなく十分な愛情を示してあげることも大切です。それにはよく話しかけること、一緒によく遊んであげることを忘れないで。

人間社会のルールを教えるには、生後2～3か月頃がベスト。

子犬が不安そうなそぶりを見せたら

子犬を初めて外へ連れ出したときなど、急な環境の変化に驚いて、物陰に隠れようとしたりキョロキョロと不安な様子を見せたりします。そんなときはすぐにだっこして、何でもいいから話しかけてあげてください。不安な気持ちを飼い主のほうへ向けさせることで早く消し去ってしまうのです。不安な状態を残したまますぎてしまうと、同じような事態に出会ったときさらに不安が増し、外に出るのをこわがるような犬になってしまうかもしれません。注意しましょう。

子犬の不安を取り除くには抱いて優しく話しかけるのがいちばん。

しつけや運動にも優しい心配りを

柴犬は利口で我慢強く、しかも順応性にすぐれた犬です。だからしつけも決して難しくはありませんが、家へきたその日から始めるのではなく、子犬が家族に馴れてきてからのほうがよいでしょう。

ただしトイレのしつけだけは別。犬は一度排泄をした場所をにおいなどによってその後も排泄場所にするものですから要注意です。初めてわが家へ連れてきた犬が急にソワソワとあたりのにおいをクルクル嗅ぎ回ったりし始めたら尿意や便意の証拠。すぐに抱き上げ、家の中であれ外であれあらかじめ決めてある排泄場所へ連れて行って「オシッコ」と優しく何度も声をかけながら排泄の終わるのを待ってあげてください。ちゃんとできたらたっぷりほめてあげましょう。

犬の乳歯は生後3か月頃から抜け始め、代わりに永久歯が生え始めて、4～6か月頃には42本全部が生え揃います。そのため歯茎がむずがゆくて子犬はなんでもかじろうとします。ただ叱ってやめさせるだけでなく、代わりに犬用のおもちゃなどかじってもよいものを与えてあげてください。

柴犬は小型犬ですが、他の愛玩犬などと違い昔は猟犬だった犬種ですから、それにふさわしい体を作るためにも子犬期から運動は欠かせません。しかし外へ連れ出すのはいろいろな伝染病に対する予防接種を終え体に免疫がつく生後4か月以降にしてください。これについては49ページと52ページでお話しましょう。

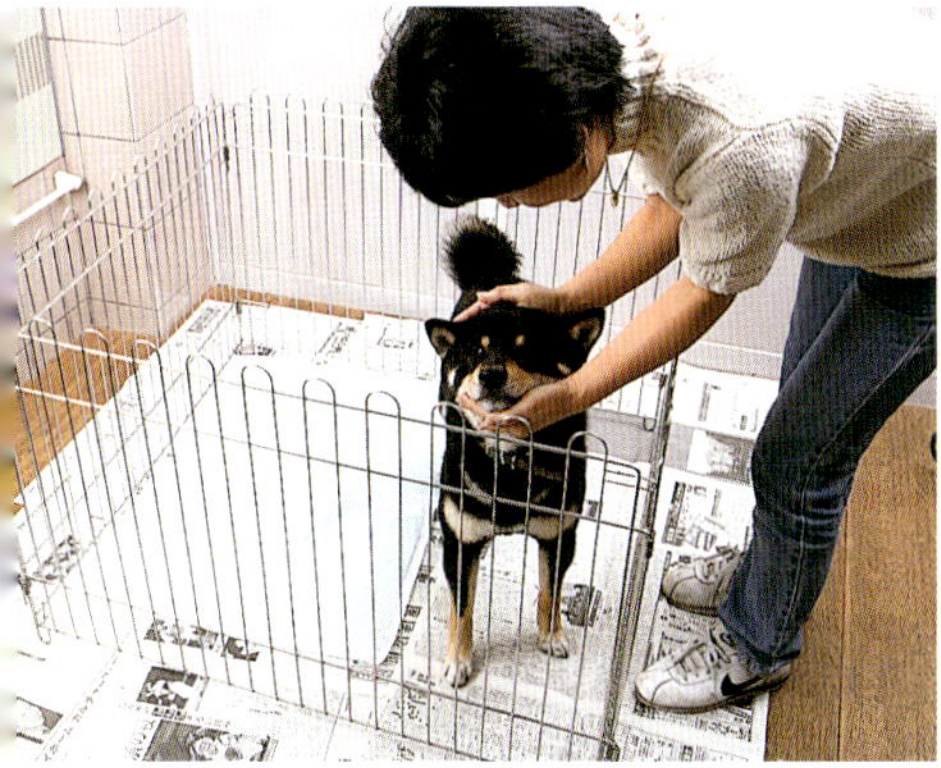

しつけは厳しく叱るだけでなく大いにほめてあげることが大切。

第3章

家の中や外には危険がいっぱい

子犬期（2か月〜6か月）の成長の目安

探索心を伸ばしながら子犬を危険から守ろう

子犬は好奇心の固まりです。目についたものは何でも、まずにおいを嗅ぎ、それからかじってみようとします。これは好奇心というよりも探索心というべきもので、目についたものの正体を確かめずにはいられないのです。

こうやって犬は知能を発達させて行くわけで、這い歩きを始めた人間の赤ちゃんが何でも口にしようとするのと同じ行為ともいえますが、人間と違って生後ほどなく自由に歩き始める犬の場合は行動範囲がずっと広く、そのぶん危険も多くなります。

室内で飼う場合、子犬にとって部屋の中のものすべてが探索心の対象です。タバコや輪ゴム、クリップ、ヘアピン、薬の錠剤といったものを机の上に置きっぱなしにしたり床に落としたままにしたりは絶対にしないでください。電気器具のコードなどもかじると感電する恐れがあるので細いビニールチューブで覆うとかの工夫をしておきましょう。

好奇心旺盛な子犬は、何でもかじって確かめようとする。

家の外には危険がもっとたくさん

遠い昔、犬は食べ物を自分で探して野山を探索しながら生きていました。人間に飼われ毎日の食事を与えられるようになった今もその習性は消えていません。飼い主と散歩の途中などで、落ちているものを口にしようとするのはそのせいですが、体に害をおよぼすものも少なくはありません。拾い食いは絶対に許さないこと。口に手を突っ込んででも吐き出させるようにしてください。

屋外飼育の場合ことに注意したいのは夏の蚊の繁殖期です。蚊は恐ろしい伝染病のフィラリア症を媒介しますから、予防薬の投与はもちろんですが、夏場だけ犬舎に網戸を張るなどの対策も必要です。

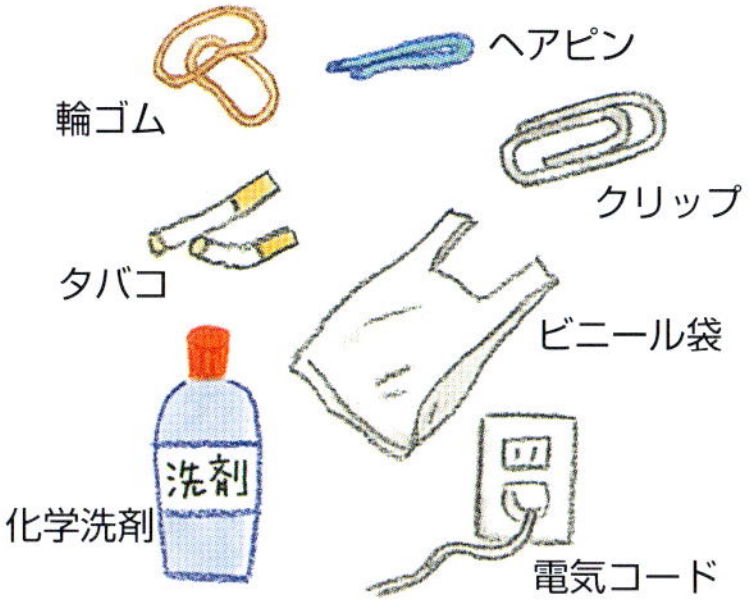

家の中

何気なく机の上に置いたものや床に落として拾い忘れたものなどが子犬に生命の危機を招くことも。ビニール袋に首を突っ込んで窒息死することもあり得ます。

ドアにはストッパーを

風などで突然しまったドアに体を挟まれてけがをすることも。ストッパーをつけて事故を未然に防ぎたい。

石油ストーブ

子犬が走り回って遊んでいるうちにぶつかってやけどをしたりする。できればエアコンなどに換えたい。

散歩中落ちているものを食べる、飲み込む

犬は腐りかけているようなものでも平気で食べるので注意。

家の外

外へ出たら拾い食いは絶対にさせないこと。目の前を走りすぎる自転車や自動車を追おうとするのも柴犬のような獣猟犬だった犬に多い獲物追跡本能の表れです。

蚊が媒介するフィラリア症

夏場は予防薬のほか犬舎に網戸、蚊取り線香を忘れないで。

自転車や自動車を追いかける

すばやく走り去るものを追いたがるのは犬の本能。制止の訓練を日頃から十分に。

第3章

子犬期（2か月〜6か月）の成長の目安

畜犬登録、予防接種をすませよう

予防接種は生後50〜60日たって母子免疫がなくなってから。

畜犬登録と狂犬病の予防接種は法律上の義務

生後90日をすぎた犬の飼い主には、30日以内に市区町村の役所か保健所に畜犬登録をすることが法律で義務づけられています。登録をすませれば犬鑑札とステッカーが発行されます。鑑札は首輪に、ステッカーは玄関などに貼ってください。

法律上の義務ではありませんがケネルクラブに対する所有者変更の届け出も忘れずに。

生後90日以後の犬の飼い主のもう1つの法律上の義務が毎年1回春の予防接種です。畜犬登録をすませてあれば集団予防接種の通知がきますから必ず受けてください。受けられなかった場合は、いつでも動物病院でやってもらえます。

その他の病気の予防接種もやっておこう

犬には狂犬病のほかにもいろいろな伝染病があります（134ページ参照）。法律で予防接種を義務づけられているのは狂犬病だけですが、できればほかの伝染病

体にさわられるのをいやがるときは

予防接種のときに限らず医師に病気を診てもらうときなど体にさわられるのをいやがる犬では困ります。普段から遊びの最中など楽しいときに、抱いてやったり、あおむけにしておなかを撫でたり足にさわったりして、ごく自然に少しずつ人に触れられることに慣れさせていきましょう。

噛んだりしたら厳しく叱り、食べ物などもわざと手で口に入れてあげたりして、口をあけるのをいやがらない犬にすることも大事です。

予防接種の一般的なスケジュール

生後60日前後

1回目の接種を受ける

病気に対して母犬からもらった免疫が生後50日～60日頃にはなくなるので、60日目頃に子犬への予防接種が必要となる。

生後90日前後

2回目の接種を受ける

1回目の接種のとき子犬の体内に母犬からの免疫が残っていると効果は出ないので、90日目頃にもう1回接種しておく。

毎年1回 追加接種

の予防接種もしておきましょう。

子犬は生まれて飲んだ初乳によって母犬からいろいろな病気に対する免疫をもらっていますが、生後50～60日をすぎるとこの母子免疫は効果を失います。そのためワクチンの接種による病気の予防が必要になるのですが、母子免疫が持続しているとワクチンの効果は出ません。

そこで、母子免疫がなくなると思われる生後60日前後に1回目のワクチンを接種し、それが効かなかった場合を考えて90日前後にもう1回接種をするのです。1回の接種で何種類かの病気に効く混合ワクチンもありますから、獣医師と相談のうえ、住んでいる地域や子犬の生活環境にふさわしいものを選んでください。その後は毎年1回の追加接種が必要です。

フィラリア症には特に注意を

フィラリア症は、初期にはほとんど症状が現れず、飼い主が病気に気づいたときにはかなり進行しているため治療がとてもやっかいになります。そのためにも予防がとても大切です。

他の伝染病と違って予防にはワクチン接種ではなく薬を飲ませますが、以前は毎日か週1度の服用が必要だったのが、最近は月1回ですむようになりました。この病気を媒介する蚊が発生する時期の1か月前から、いなくなる時期の1か月あとまで飲ませます。犬が蚊に刺されないようにするのも大きな予防策でしょう。

病気の予防接種は獣医師と相談して生活環境にふさわしいものを選ぶ。

子犬期（2か月～6か月）の食事

バランスのよい食事とは？

適量は腹八分目 食べすぎに注意

同じ月齢の子犬でも、体の大きさや運動量によって食事の適量は違ってきます。柴犬は食欲旺盛な犬種なので食べすぎによる肥満にはくれぐれも注意してください。

適量は腹八分目。出された食事を子犬が一気にたいらげたあと、ちょっと物足りなそうな様子を見せるくらい。いつまでも食器の周りを離れず、からっぽの器に何度も口を突っ込んだりしているようなら与える量が少なすぎるのかもしれませんし、毎回食べ残してしまうようなら多すぎると考えていいでしょう。

便の状態を見て、柔らかすぎるようなら食べすぎ、固すぎるなら食事量不足といった判断の仕方もできるでしょう。

ちょうどよい便の固さは、人が手でつまみ上げることができ、しかもそのあとに便がいくらかくっついて残るような固さのことをいいます。

健康な犬の便にはあまりにおいがありません。栄養のバランスのよい食事を与えてエネルギー消費のための運動

食事の注意ポイント

●間食は与えない

栄養のバランスの取れた食事を毎日与えていれば間食の必要はない。わがままや肥満のもととなる恐れもある。

●人間が食べているテーブルからは与えない。

犬と人間の食事の場所は必ず切り離すこと。一度でも人間の食べ物を与えると犬はその後もねだりにくるようになる。

●遊び食いを始めたら食器をかたづける

ちょっと遊んではちょっと食べ、をするようなら食器を取り上げる。時間内にすませなければ食べられないことを教えるために。

食事は栄養バランスを考え、新鮮な飲み水とともに愛犬に合った量を与えよう。

も忘れないように心がけましょう。

犬と人間とでは栄養素の必要量がかなり違う

犬にとって欠かせない栄養素は、人間と同じたんぱく質、脂肪、炭水化物、それにビタミンやミネラルなどですが、必要とする量にかなりの違いがあり、たんぱく質は人間の4倍が必要です。犬は生まれてからの1年間で人間の18歳にも匹敵するほどの成長を見せますから、これは当然のことといえるでしょう。ミネラルの中でもカルシウムが、発育ざかりには人間の25倍も必要なのもそのせいです。

反対に、脂肪の必要量は人間よりずっと少なく、塩分もごくわずか。人間にとっておいしいと感じられる食べ物の塩辛さは、犬の体には大きな負担となります。人間の食べ物を気やすく犬に与えたりしてはいけません。これは甘いものについてもいえることです。

これらの栄養素と同様に欠かせないのは水。動物の体の組織の70％は水分で、それによって体の機能や代謝はスムーズに行われているのです。食事のときに限らず、飲み水はいつも新鮮なものをたっぷり用意しておいてあげてください。

食事の内容を切り替えるには

子犬を飼い始めたときは、それまでの飼い主が与えていたものと同じ内容の食事を当分の間続けますが、わが家の食事内容に切り替えたいときは時間をかけ、それまでの内容を少しずつ減らしながらそのぶんだけ新しいものを加えるようにし、1週間くらいかけて全内容を変えてしまうようにします。

お散歩デビューは家の近くから始めよう

子犬期（2か月～6か月）の運動

朝夕2回、30分程度軽い散歩の感じで

運動のために子犬を外に連れ出すのは生後4か月をすぎてからにしてください。2回目の予防接種をすませるのは生後90日頃ですが、その効果が現れるまでにはさらに1か月くらいが必要だからです。

最初は家の近くを歩く程度。こわがるようなら抱いてあげて、優しく話しかけながら徐々に周囲に慣れさせ、自分で歩けるように仕向けて行きます。

時間は30分程度、朝夕2回。リードをつけて歩かせますが、子犬が勝手な方向へ行くのを引き戻そうとしてむりに強く引っ張ったりしてはいけません。この時期はまだ骨格形成が完全ではないので、四肢のバランスの崩れた体になってしまうこともあるからです。

この時期は運動というよりも軽い散歩といった感じで行います。いつも飼い主の左について歩くのを覚えさせて行くことはもちろん必要ですが、本格的な引き運動を始めるのは、骨格がしっかりとでき上がる6か月をすぎてからにしたほうがいいでしょう。

散歩時は清潔第一を心がけて

散歩途中で犬がした糞の始末は人間を病気から守るためにも大切。犬の体内で寄生虫が生んだ卵が糞に混ざって出てきて、それが人間、特に子供に害をおよぼす。

糞の始末をした手は必ずよく洗おう。普段でも犬に触れた手は洗うこと。寄生虫感染の恐れあり。顔をやたらになめさせるのもよくない。

散歩は子犬に人間とのつき合い方を教える

朝夕の運動は体内の新陳代謝を促して子犬の健康な発育に大きく役立ちますが、そのほか、いろいろなものを見たり音を聞いたりにおいを嗅いだりすることで、家の外にあるもうひとつの世界を子犬に勉強させることに役立ちます。人に声をかけられ体に触れられたりすることで人間とのコミュニケーションの取り方を子犬は少しずつ覚えていきます。どちらかといえば警戒心の強い犬種である柴犬をそれだけに終わらせないために、これはとても大切なことだといえるでしょう。

散歩の途中では他の犬とも出会うでしょう。そのことで子犬は人間社会のルールの中に閉じ込められていた自分を解放し、ひととき犬の社会に戻ることができるのです。こういう機会をずっと持てずにいると、他の犬をこわがったり必要以上に攻撃的になったりして、ときには大人になってからの生殖行動に支障をきたすことも起こり得ると思われます。

首輪とリードの慣らし方

1
首輪だけをつけて10～15分遊んだあとはずす。そのくり返しを2～3日続け、首輪をつける時間を長くして行く。

2
子犬が首輪を気にしなくなったらそれに1m程度の紐をつけて遊ばせ、その時間をだんだん長くして行く。

3
その紐を飼い主が持ち、子犬の名前を呼びながら先になって進む。慣れたら紐をリードにつけ替える。

運動は健康維持のためにも必要。外に連れ出すのは生後4か月をすぎてから。

第3章

青年期〜成犬期（6か月〜2年半）の成長の目安

6か月をすぎたら体つきはもう大人

生後6か月くらいになると、体はすっかり大人になり、牝は妊娠可能になる。

牝の発情は6か月の周期でくり返される

6か月から1年半にかけては、いわば柴犬の青年期。体つきはもうすっかり大人ですが、この時期に知能や筋肉が最も発達し、それからさらに1年をかけた生後2年半頃、柴犬は小柄ながらも堂々たる風格の成犬になるのです。

牝が最初の発情（シーズン）を迎えるのは生後7〜8か月頃。これで妊娠が可能になるわけで、毛づやがよくなり、食欲が増し、排尿の回数が増えて、やがて出血が始まり、それは約10日間続きます。

その後は出血の色も薄くなりますが、出血が終わったあとも発情はしばらく続き、やがてもとの体に戻ります。これ以降、約6か月の周期で発情は訪れます。

牝の発情と対処法

発情中の牝に飼い主が最も悩まされるのは出血です。たいていは犬が自分でなめて処理しますが、それでも室内などをよごされるような場合は犬用の生理用品をあてがっておくとよいでしょう。

この時期は愛犬の体のためにも、思わぬ妊娠を防ぐためにも、外へはあまり連れ出さないように。繁殖の予定がないのなら、不妊手術をすることでそのような悩みからは解放されます。

牡の性成熟と上手な対応

マーキング

ところかまわず排尿するのには犬なりの理由があるが室内での排尿は叱ってやめさせる。散歩中の排尿も回数と場所を限定する。

マウンティング

膝などに乗りかかってきたらさりげなく立って席を移動。まだくるようなら厳しく叱って犬の体を強く払う。

牝犬に興味を示す

発情中の牝犬には絶対に近づけないこと。母犬であろうと姉妹犬であろうと発情中は注意したい。

牡はいつでも交尾可能となる

牡が生殖能力を身につけるのは牝よりやや遅れますがやはり8か月頃。排尿のときに片足を高く上げるようになるのもこの頃からで、散歩の途中などさかんに排尿（マーキング）をして自分のにおいをつけて回りますが、外だけでなく家の中にまでマーキングをする犬もいますから注意が必要。

出会った牡犬に対抗意識を燃やして闘志をむき出しにするのもこの頃からが多く、家で椅子などに座っている人の膝に乗りかかり交尾に似た動き（マウンティング）を見せるのも、牡犬の性成熟の1つの表れです。

牝が牡を受け入れるのは発情の期間中だけですが、牡にははっきりした発情期がなく一年中いつでも交尾可能。発情している牝のにおいに刺激されて発情し、そのため家を脱走しようとする犬さえいますから、近くに飼われている牝犬が発情期のときなどは用心してください。

しかし牝の発情期以外は牡も牝に性的な関心を見せることはなく、交尾体験を持たないままでいれば牡は年とともに牝へ関心を示さなくなっていくのが普通です。

牡は交尾が可能になり、マーキングやマウンティング対策が必要。

第3章

青年期〜成犬期（6か月〜2年半）の食事

いちばんお手頃なドッグフード

ドッグフードはドライタイプを

柴犬は粗食にもよく耐える犬だと昔からいわれています。しかし栄養バランスのよくない食事を毎日与えていたのでは、せっかく長生きできる生命を縮めるような障害が現れないとも限りません。

その意味でも、いちばん手軽で安心なのはドッグフード。中でもドライタイプは十分に栄養バランスを計算して作られていますから、これを与えていればその他の食品による栄養補給を考える必要はありません。保存性もよく、値段も手頃なのでお勧めです。

半生状もあり缶詰もある

1日に与える回数の目安

ポイント	1日の回数	
新しい環境の中で子犬も緊張しているので、むりに食べさせると下痢をする恐れもある。食べたがらないようなら水だけでもよい。それに蜂蜜を2〜3滴垂らしてあげるとなおよいだろう。	初めて家へきた日は、それまで食べていた量の半分くらい。食欲がなさそうなら食べさせなくてもよい。	わが家での初めての食事
3か月頃までは胃も小さく消化機能もまだ十分でないので、少ない量を回数多く与えるようにする。下痢にはくれぐれも注意を。	1日分の量を5〜6回に分けて与える	生後4か月まで
消化機能も発達してきているがむりは禁物。食べぐあいや太りぐあい、便の状態に注意を怠らないこと。	3〜4回に分けて与える。	生後6か月まで
過食は肥満のもと。柴犬は食欲旺盛なので食べすぎに注意し、食事から摂取したエネルギーを消費させるための毎日の運動も欠かしてはならない。	2〜3回に分けて与える。	生後8か月頃まで
1日分を1回で食べるのはちょっと量が多すぎて胃腸に負担がかかるし、食べる楽しみは2回に分けたほうが犬も嬉しいだろう。	2回に分けて与える。	生後9か月頃

ドッグフードの種類

ウェットタイプ

肉類を加熱処理した缶詰やレトルト。犬は喜ぶが栄養バランスは劣る。

モイストタイプ

半生状で肉に似た歯ごたえ。保存性や栄養のバランスはドライタイプに劣る。

ドライタイプ

カリカリとした歯ごたえで歯や顎の発達にも役立つ。栄養バランスもよい。

ソフトドライタイプ

モイストより弾力性がありその歯ごたえのよさを喜ぶ子犬も多い。

ジャーキー類

しつけや訓練のときごほうびに与えるが、与えすぎてはいけない。

ドッグフードには、水分の含有量で分けると、10％程度のこのドライタイプのほかにもいろいろあります。

水分25～35％のモイストタイプは半生状でその食感が犬に喜ばれますが、保存性や栄養バランスの点ではドライに劣り、値段もやや高め。それよりさらに水分を減らしたのが25～30％のソフトドライタイプで、モイストよりも弾力性のあるのが特徴です。

ウェットタイプは水分約75％。肉類を加熱処理した缶詰やレトルトで、犬には最も喜ばれますが、値段もいちばん高く、完全栄養食として作られたもの以外は栄養のバランスも劣るので、これだけを食べさせるのではなく、犬の食欲の刺激にドライタイプに少量加えるという使い方をするとよいでしょう。

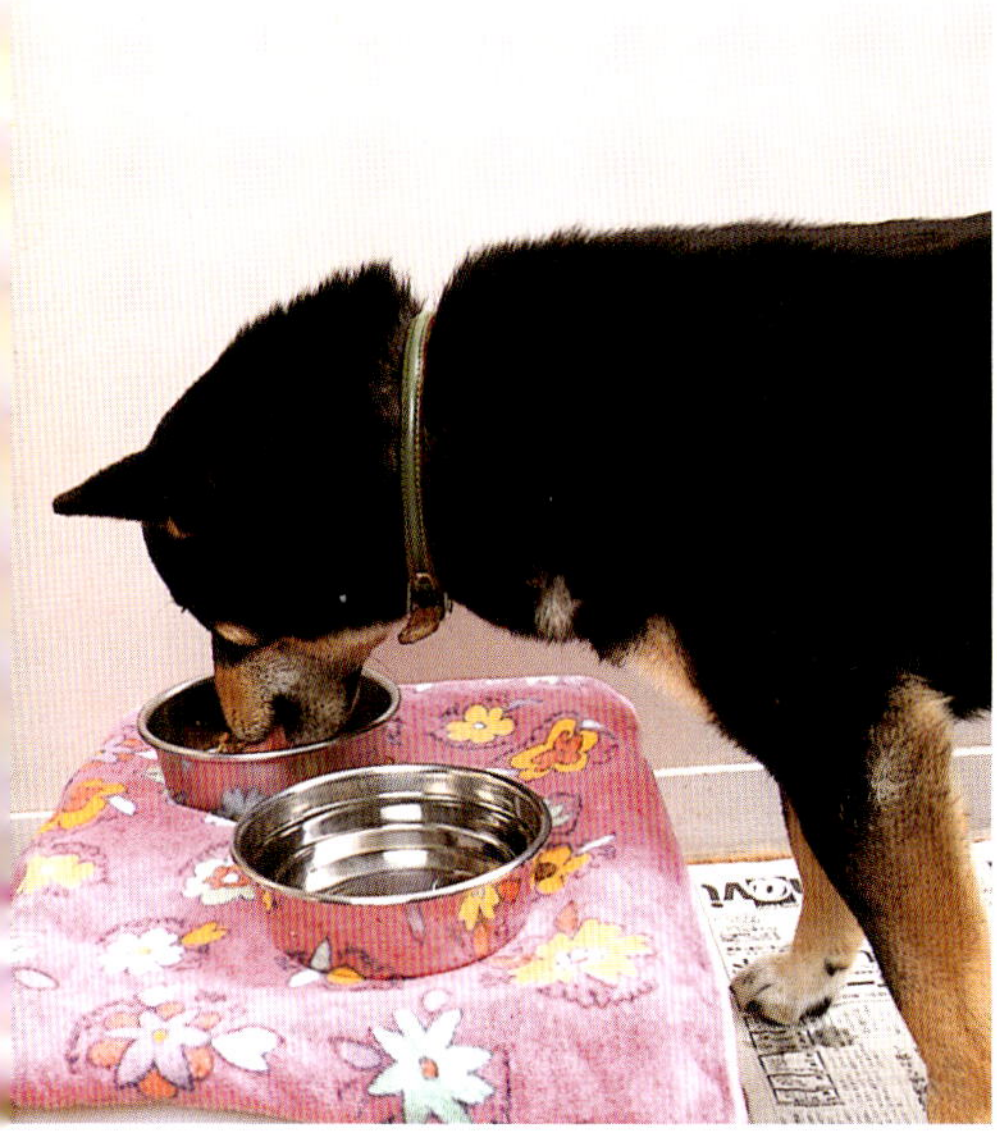

犬にとって食事は楽しみの1つ。栄養バランスや嗜好も考慮して。

第3章

青年期〜成犬期（6か月〜2年半）の食事

この食事メニューなら愛犬も大喜び

まず犬の栄養学の初歩を勉強しよう

　手軽さからいえば犬の食事に便利なのは何といってもドッグフードですが、飼い主の愛情がいちばんよく伝わるのはやはり手作りの食事でしょう。

　人間に飼われるようになってから、犬は人間の食べるものなら何でも食べる雑食性となりましたが、もともとは肉食動物。だからドッグフードなどよりは生の肉類など自然のままの食品を調理したほうが喜ぶのは当然のことなのです。

　それに、ドッグフードには色づけや香りづけや保存のための添加物も入っていて、犬の体質によってはそれがトラブルのもとを作ることもないとはいえません。

　しかし手作りの食事でいちばんの問題は栄養バランス。犬が必要とする栄養素の量は人間とはかなり違いますから、そのことをよく勉強したうえで取り組む必要があるでしょう。

　犬は食べ物をよく噛まずに飲み込んでしまう動物ですから、人間が普通に食べているものでも、消化などの点から犬には与えてはいけない食品もたくさんあります。それらの知識も手作りには大切です。

　また、手作りの食事に犬が慣れてしまうと、途中からドッグフードに切り換えようとしてもなかなか食べてくれないものだということも知っておいてください。

犬が食べると危険なものってあるの？

　写真の食品のほか、イカやタコ、カニ、エビ、それにコンニャク、タケノコといった食品は消化不良を起こしやすく、縦に裂ける鳥の骨などはたとえ小さくても胃壁に突き刺さったりするので危険です。

手作りの食事を与えようと思ったら栄養バランスなどの勉強、工夫も要求される。

多すぎる脂肪分は取り除いてから調理を

青年期に入った柴犬にふさわしい食品は、脂肪の少ない牛肉や豚肉、レバー、鶏肉、牛乳、卵など。魚肉などもよく食べます。それに野菜類を加えますが、ご飯は米に限らず麺類やパンなどでもかまいません。肉類と野菜類は別々に煮て、味噌汁で薄く味つけするとよいでしょう。犬にとっての塩分の適量は人間の1/3から1/5なので、人間がおいしいと感じるほどの塩味は厳禁。汁の味噌の量には十分に注意してください。

その汁にご飯や麺類、パンなどを入れおじやのようにしたものを与えます。脂肪分のとりすぎも犬にはよくないので、肉や魚に脂肪が多いと思ったときは、前もって水炊きし、脂肪分を取り除いたうえで調理にかかるといった配慮も必要です。

野菜はキャベツや白菜、小松菜など。セロリやパセリといったにおいのきついものは嗅覚が人間の100万倍も鋭いとされる犬には向きません。

カルシウムの補給には煮干しや小魚などが最適。ビタミン剤やカルシウム剤など食品に添加する犬用の健康食品もいろいろ市販されていますが、せっかくの手作りの食事なのですから、栄養はできるだけ自然の食材から摂取できるように工夫してあげるのも飼い主の愛情といえるでしょう。

手作りメニューで気をつけたいこと

何といってもこわいのは塩分の与えすぎです。肉の代わりに気やすくハムやソーセージなどを使ったりしがちですが、これらには加工段階で塩が加えられていることを忘れないでください。

また、タマネギなどのネギ類は犬がたくさん食べると中毒を起こして血尿、貧血、黄疸などのもとを作ります。人間のために調理したすきやきやハンバーグを塩分に十分に注意しながら犬に与えるのはよいのですが、その中にはネギ類も入っていることを忘れないで。

青年期～成犬期（6か月～2年半）の運動

ストレス解消のためにも毎日の運動は必要不可欠

本格的な引き運動は6か月をすぎてから

6か月をすぎれば骨格もしっかりとできあがるので、本格的な引き運動を始めます。朝夕1日2回、最初は徒歩で30分ほど歩かせますが、それに慣れたら自転車による引き運動も取り入れていきます。

始めのうちは1回3km程度、30分くらいをゆっくりと走りますが、2歳をすぎて成犬の域に入ったら、牡なら1回につき5km、牝なら3kmくらいを時速10～12kmくらいのスピードで走ります。歩くときと同様、犬を必ず左側につけて走らせてください。

柴犬の2歳から5歳くらいにかけては、心も体も最も充実する時期ですから、肉体のためだけでなく、精神の健全な発達やストレス解消のためにも毎日の運動は欠かせません。食欲が旺盛な柴犬の肥満対策にも絶好です。

運動の道筋の途中に公園などの広いスペースがあれば、他の人の迷惑にならないよう十分に注意しながら、犬をリード

散歩や運動は気分転換、ストレス解消、肥満対策などにうってつけ。

季節ごとの散歩の工夫

夏の暑い時期

日射病などの恐れがあるので、散歩は早朝や日没後の涼しい時間帯を選びます。日中しか時間が取れない場合は、照り返しの強いアスファルトなどの舗装道路を避け、土の多い道を歩かせるなどの工夫も必要。土の道は犬の骨格にも悪い影響を与えることがありません。

冬の寒い時期

夏とは逆に陽光のある時間帯を選びましょう。散歩には、犬の体を日に当たらせて丈夫にするという目的もあるからです。寒い時期の散歩は犬よりも飼い主のほうが億劫になりがちですが、自転車による引き運動は一度始めたら中断しない努力が必要です。

散歩はほかの犬と出会うチャンス、愛犬に社会性を身につけよう。

から解放して自由に走り回らせてあげられると理想的。ただしそのためには、飼い主が呼んだらすぐに走って戻ってくるしつけを犬に徹底させておく必要があります。勝手に道路に飛び出して行って交通事故にあったりしないよう、他の犬に出会って思わぬけんかが始まったりしないよう、自由運動のときには特に飼い主の気配りが大事です。

散歩途中の排尿は場所と回数を制限

　性成熟期を迎えると、特に牡犬は、散歩の途中での排尿が必要以上にひんぱんになります。道端の電柱や立ち木を見つけると近づいて行って、まず根元のにおいを嗅ぎ、後ろの片足を高く上げて排尿します。これはマーキングといって、野生時代からの犬の習性。自分の行動圏に入ってきた他の犬が、どんな大きさで、どちらからきてどちらへいったかなどを、そのにおいによって判断確認したうえで、自分の存在を主張するためそれより高い位置に自分の尿のにおいをつけておこうとしているのです。

　縄張り意識というほどの強いものではなく、習性の1つですから、そのたびに制止する必要はありませんが、他の犬の尿を嗅いだりなめたりすることで伝染病などに感染する恐れもあります。マーキングは場所と回数を制限するようにしてください。

散歩はダニに注意しましょう

　ダニの中でもこわいのはマダニ。草木に生息していて、犬が通りかかるとその体につきますが、芝生や植え込みなどにもいますから公園などに散歩に行ったあとはよく犬の体を調べるようにしてください。特に目の縁、耳のつけ根、頬、肩、足などの皮膚に噛みついていますから、ピンセットで取り除き、噛まれた部分は消毒薬を塗っておきます。血を吸われると犬は貧血を起こすこともあるので油断できません。2～3㎜の大きさですが血を吸うと大きくふくれ上がるのでわかります。

第3章

老犬期（7歳〜）

老犬の食事はカロリーオーバーに注意

食事

消化吸収力も衰えるので柔らかいものを適量与える

柴犬は7歳くらいから老犬時代に入り、年とともに歯が抜けたり顎の力が弱まり始めるものも出てきます。消化吸収力も衰えてきますからドッグフードはシニア用や老犬用を選び、ドライタイプのフードはあたたかい牛乳やスープをかけて柔らかくして与えます。手作りの食事も高たんぱく低カロリーを心がけ、よく煮込んでから与えてください。

体を動かさない割に食べることには執着しがちなので肥満の恐れも。体調を見ながら徐々に量を減らしていきます。

運動

年を取っても規則正しい毎日の運動は欠かせない

老犬になると

人間と同じく体の各部に不自由が出てきます。それを見逃さず、優しい対応を心がけてください。

耳
だんだん聞こえにくくなるが嗅覚がすぐれているのでそれほど困らない。

目
だんだん見えにくくなるので家具の移動などはあまりしないように。

被毛
年とともにつやを失うが毎日のブラッシングがその進行を遅らせる。

四肢
足腰も弱ってくる。滑らないように床にマットを敷くなどの配慮も大切。

年を取るとあらゆる面で衰えてくるが、生活のリズムは崩さずに愛犬に合った食事や運動を。

体力もだんだん落ちてきますが、全く運動をしないでいると、食欲不振におちいったり、食べることだけが楽しみの肥満体になったりしますから、毎日の規則正しい運動は欠かさないで。自転車で引くよりも速足で一緒に歩く程度の運動を中心にして30分くらい。加齢とともに運動量は減らしていきます。

手入れ

被毛の手入れは毎日ゆったり優しく犬と会話しながら

毛のつやもだんだんとなくなってきますが、きちんと手入れをしていればそれなりの美しい状態を保つことはできます。ゆったりした気分で犬と会話しながら毎日のブラッシングを続けてください。換毛期の抜け毛の除去は若い頃以上にこまめな処理が必要です。

年を取ると食事も柔らかいものが多くなって、そのぶん歯石もたまりやすく、歯茎が炎症を起こして歯がぐらついたり抜けたり、口臭がひどくなったりします。歯石は早め早めに取り除くようにしてください。

健康

生活のリズムを崩さないことが健康維持の秘訣

体の機能が衰えるにつれて病気もいろいろと出やすくなります。排尿排便をあまり我慢させると病気になることもあるので、散歩のときに外で排泄をすませるのを習慣にしている犬の場合はことに毎日の運動が欠かせません。健康を維持するためには規則正しい生活のリズムを崩さないようにすることが第一です。

年に1度の健康診断を忘れず、ときには精密検査も受けさせるようにしてください。

老犬になるとかかりやすい病気

新陳代謝の機能の衰えとともに皮膚病や呼吸器の病気が起こりやすくなりますが、目の病気で多いのが老齢からくる白内障。水晶体が白く濁って光が眼底に届かなくなり、失明することもありますが、犬は鼻が利くのでそれほど困らないようです。

呼吸器の病気としては気管支炎や肺炎に注意。ことに伝染病のケンネルコフは激しい咳とそれに伴う症状により体力を急激に消耗し犬を衰弱させるので、軽い咳でもあなどってはいけません。また、糖尿病や心臓病（老犬に多いのは心臓弁膜症）の予防のためにも太りすぎには十分に注意してください。

柴犬談話室

CHAT ROOM

仲よし柴犬カルテットが、ぺちゃくちゃと好き放題におしゃべりしています。耳を傾けてみてね。

たろう　みなさん、本日は「柴犬から見た飼い主および人間」というテーマでおしゃべりしようと思います。胸の内を全部いっちゃいましょう。不満おのろけその他あればどうぞ。

はなこ　私のご主人様は人前で私のことを「コイツは不細工で」とかいってけなすことがあるの。アレとってもいやだわ。

もも　あ～らはなこちゃん、それ本気じゃないわよ、絶対。照れの裏返しなのよ、私もようやく最近それに気がついたの。かわいがってもらってるんでしょ？

はなこ　うん多分……。「はなこ」ってアップリケした専用ベッドを作ってくれたしぃ、ご飯は毎食おかあさんが手作りしてくれるしぃ、お散歩はたっぷり1時間させてくれるしぃ……。

全員　うわぁっ。それなら大丈夫。十分かわいがられてるよ。自信持って。

りゅう　さっきはなこさんが「おかあさんの手作り」っていってたけど、それどういうの？　ボクはカサカサのカリカリしか食べたことない。

全員　えぇ?!　本当?

飼い主CHECK!
柴犬は比較的多くの運動量が必要な犬種です。しかし、ただやみくもに長く散歩させるのではなく犬の個性に合わせた適切な散歩の仕方を見つけましょう。

飼い主CHECK!
必要な栄養素をバランスよく含んだドッグフードはとても便利で手軽なもの。手作り食の場合、人には無害でも犬には有害な食品があることに注意して!

飼い主CHECK!
仲良くなって欲しくても無理矢理仲良くさせるのでは逆効果。犬には犬社会のルールがあるので静かに犬同士のコミュニケーションを見守りましょう。

もも うちも基本はカリカリだけど、ときどき手作り食の日があるの。野菜や鶏のささみなんかをお米と一緒にクツクツ煮込んでおじやにしてくれるんだけど、そんな日はプ～ンといい匂いがしてきて。

全員 ゴクッ。

りゅう いいなぁ、食べてみたいよぉ。ボク愛されてないのかなぁ…。

たろう それは違うよ。カリカリのほうが必要な栄養素が全部ふくまれていて、健康管理がしやすいって動物病院の先生がいっているのを聞いたよ。だから、きっとそうしてるんだよ。でもたまには違うものも食べたいよね。

もも 私のご主人様の困った点はね、むりやり犬同士仲よくさせようとすることなの。私、結構気難しいの。誰でもいいってわけには……。

はなこ そうよね。私も、つい「ウ～」っていっちゃって、ご主人様に叱られるわ。でもシェルティーのラッキー様だけは特別。（うっとり）遠くからお姿拝見するだけで満足なの…。

りゅう （無視して）ところでみなさんにお聞きしたいんですけど、人間の子供ってうっとうしくないですか？身勝手だし、騒がしいし、乱暴だし……。キレそう。

全員 わぁっ！ダメダメ！

たろう そんな子ばっかりじゃないんだけどね。犬を飼っている家の子は、犬のいやがることをよく知っているはずだよ。りゅうくんってお外犬だよね。お家はどこに置いてあるの？

りゅう 通りに面した玄関。学校帰りにからかう子供がいっぱいいるんだ。

たろう それは場所が悪い。変えてもらうように頼んであげよう。

はなこ ねえねえそういえば、さっきからずっとこっちを見てるコがいるわよ。仲間に入れて欲しいのかしら。まだちっちゃい子犬みたいだからきっと公園デビューね。

全員 公園デビュー！懐かしいねえ！

（以下、とめどもなく続く）

飼い主CHECK!
犬舎は犬が安心してゆっくり休める場所に置かなくてはなりません。りゅう君のような不特定多数の人から丸見えの場所では大きなストレスがかかります。

柴犬で決まり!

うんしょ、よいしょ、なかなかうまく入れないぞ。果たしてこの足の運命は…。

ボクのベストショット！　ちょっと出した舌がチャーミングでしょ？

兎《と》にも角《かく》にも

見れば見るほど味のある、なじみ深いしょうゆ顔

くん、くん。これがボク流のはじめましてのごあいさつ。

遊んだあとはおなかぺこぺこ。たっぷり栄養補給しなくっちゃ。

「あの木まで行ったら交代だよ。」
「えぇ～その次の木にしようよ」

くるりと巻き上げた
しっぽがボクたちの
トレードマーク。

ボクたちソッ
クリでしょ？
見分けるヒン
トは胸の斑点
だよ。

ボクたち前から見
ても横から見ても
そっくりでしょ？

雪の中だって走るのはわけないよ。

ボクの一芸をお見せします。ほら、立ったまま
寝れるんだよ、すごいでしょ。

ほっとひと息 柴犬マンガ
疲れたときはこのマンガでちょっと息抜き。かわいいからって骨抜きにされないよ〜に。

見ないで！

カユイ、カユイな〜もう
じっー
あれ？ 見てたのね

第4章

柴犬との絆を深めるレッスンABC

犬にとって頼りがいのあるリーダーがいてくれるほうが気楽。

第4章

愛犬から信頼されるリーダーになりましょう。

しつけの基本は信頼関係を築くこと

群れのリーダーに喜んで従うのが犬の習性

犬のしつけとは、人間社会に適応できるよう犬を教育することです。特に、子犬の頃にしつけをしたかしないかで今後の長い共同生活に大きく影響してきますから、生後2～3か月くらいから少しずつ始めていきます。

しつけをするうえで心得ておきたいのが、犬の習性です。というのも、もともとリーダーを筆頭に序列のはっきりとした群れを作って生活していた犬は、リーダーや自分よりも上位のものには喜んで服従する反面、下位のものには牽制するという習性があるからです。つまり、飼い主が犬のリーダーや上位につけば犬は積極的に命令に従ってくれるけれども、下位と見なされれば、犬に物事を教えようとしたところで覚えようとすらしないばかりか、犬から支配的に扱われるようにもなってしまうわけです。しつけをするには、家族が犬の上位に立ち、リーダーとなることが大前提です。

犬から信頼されるリーダーになろう

リーダーとして犬に認識してもらうには、犬の信頼を得ることが何よりです。信頼感は愛情なくして生まれません。よく面倒を見てあげ、犬の大好きな散歩は手を抜かずに気持ちよく連れていってあげましょう。そして毎日少しの時間だけでも一緒に遊んだりスキンシップをはかりながらかわいがり、愛情を示して行きます。特に幼いうちから体を抱き上げた

愛犬のリーダーになるための心得

●きちんと世話をする
散歩は犬の最大の楽しみ。それを奪えば不信感だっていだく。

●スキンシップをはかる
遊びながら犬の全身に優しく触れて愛情を伝えよう。

●甘やかさない
何でもいうことを聞いていれば、犬の気持ちの中では立場が逆転していく。

●リーダーシップを取る
散歩や遊びも主導権は飼い主が握って序列を理解させよう。

り優しく全身を撫でると、自然と飼い主に対する信頼と服従の気持ちが育っていきます。とはいえ、しつこくしたり片ときも離れないほどベタベタするのは逆効果ですからくれぐれも節度を持って接してください。

　愛情と甘やかしをはき違えてもいけません。とかくかわいいさかりの子犬のうちはつい甘やかしがちですが、何でも好きにさせていると、それこそ犬は自分がリーダーだと勘違いするようになります。かわいがるだけでなく、必要ならきちんと叱る、けじめが肝心です。

　犬を人と同等に扱わないのもリーダーになるための条件です。抵抗感を覚える人もいるでしょうが、上下社会があたり前の犬にはあいまいな関係はタブーです。遊びの始めと終わりは飼い主が決める、散歩は基本的に飼い主のペースで歩く、食事は飼い主のあとで与え、飼い主の指示で食べさせる、ベッドは共有しないなどといったぐあいに、日常生活の要所要所で飼い主がリーダーシップを取り、上下関係を示して行きましょう。

家族の中で犬がいちばん下位にいることを自覚させて行こう。

ヨシとイケナイ

よいことと悪いことの区別を明確に。

大いにほめることが早く習得させるコツ

犬はリーダーにほめられることが大好きですから、犬に物事を教えて行くときは、大いにほめてあげるようにすると早く習得して行きます。もちろん、悪いことをしたら厳しく叱って教えなくてはいけませんが、叱ってばかりいてほめることを忘れると犬は萎縮し、犬本来の明るさを失います。ことに訓練においては、失敗を叱るのではなく成功をほめていくことを基本に置いてください。

ほめ方、叱り方にもルールがある

ほめるのも叱るのも犬に伝わらなければ意味がありません。犬は自分のした行為に対してあとからいわれても理解できませんから、必ずその場でいうようにします。また、犬が混乱しないよう家族の中で言葉を統一しておき、同じ行為に対して叱ったり叱らなかったりすることのないよう一貫性を持たせるようにします。「ヨシヨシ」とほめるときは胸や背を撫でながら少々オーバー気味に表現すると犬によく伝わります。ただし、犬を興奮させないよう気をつけてください。

叱るときは毅然とした態度で「イケナイ」と一喝しますが、真剣に相手にしないと犬はすぐに見抜きますからあなどらないように。

柴犬は本来たくましい気性の犬種ですから、多少強めに叱ってもへこたれないものですが、体罰はいけません。叩いたり乱暴に扱うと犬は攻撃されたと感じ、次第に人に対して敵意をいだくようになってしまいます。

強く叱るときは、丸めた新聞紙で床や壁を叩き、その音で驚かせるようにすると効果的です。

犬は人の微妙な表情の動きや語気から心底を読む。

ほめ方・叱り方のポイント

ほめる

●その場でほめる

●大げさにほめるといっても興奮させない程度に

●胸や背中を優しく撫でる

叱る

●その場で叱る

●感情的になってわめかない

●体罰は不要

●同じ行為を叱ったり叱らなかったりはだめ

●毅然とした態度で厳しく

●いつまでもガミガミしつこく叱らない

第4章

決められた場所でできるように。

トイレのトレーニング

室内で飼うなら家の中にトイレを作るといい

室内で飼うなら、家の中に犬のトイレを作ってあげ、そこで排泄するようにしつけていくといいでしょう。しつけは、子犬がきた日から始めていきます。

トイレは、犬が落ち着いて排泄できる静かな場所にトイレシーツを敷いて作り、サークルで囲っておきます。場所は完全に覚えるまで動かさないでください。

子犬は食後や寝起きなど1日に4～5回以上排泄します。よく観察すると排泄のサイクルがわかりますから、その時間になったらトイレへ連れて行きます。あるいは、便意や尿意を催すと、落ち着きがなくなってきますから、そのサインに気づいたらトイレへ連れて行きます。排泄が終わるまではサークルに入れておき、排泄したらよくほめます。これを何度となくくり返すことで、子犬はトイレの場所を覚えていきます。

完全に覚えるまでは失敗はつきものです。教えたてから失敗を叱ってばかりいると、かえって隠れて排泄するようになりますから、ある程度覚えるまでは成功をほめることを重点にしつけていきます。叱る場合は、粗相をしているその場で叱ることが鉄則です。また、よごれた場所はにおいが残らないよう掃除します。

庭で排泄させる場合も、同じ要領でしつけていけば、子犬は次第に庭に出るまでは排泄を我慢するようになります。慣れてきたら、子犬なら日に4回以上、成犬は2回以上は出してあげましょう。

散歩と排泄を兼ねる

いずれは散歩で排泄をさせようというなら、子犬の排泄サイクルに合わせて外へ連れ出すようにします。成長して散歩を始めるようになると、自然とその時間まで排泄を我慢するようになります。この習慣だと、最低でも1日2回は散歩に連れ出すようにしないといけません。悪天候の日はたいへんですから、家の近くで排泄をすませるよう習慣づけていきましょう。できれば、室内飼いなら屋内のトイレで、外飼いなら庭で排泄するよう習慣づけたいものです。

トイレのしつけ方

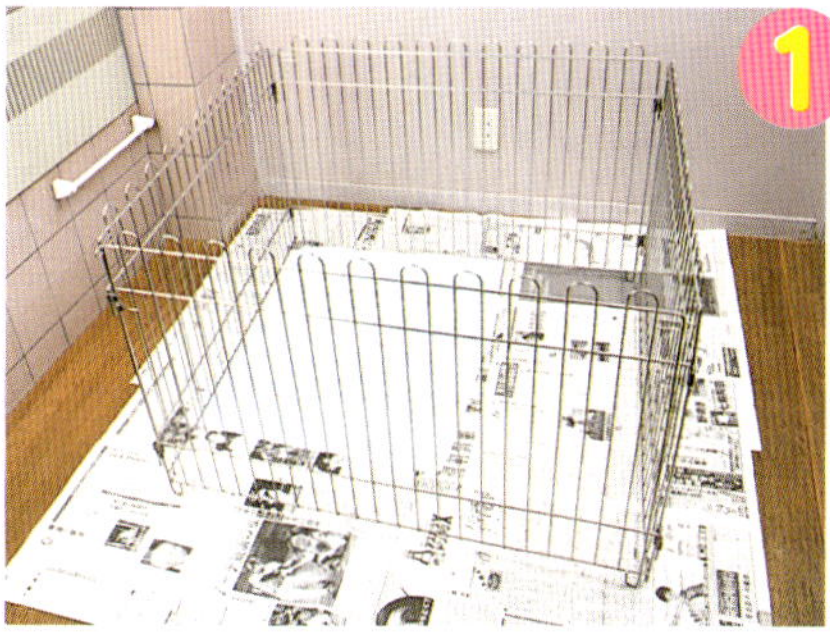

人の出入りが気にならない静かな場所にトイレシーツを敷き、サークルで囲う。庭の一角にトイレを設けるときも、同じくサークルを使い、石や砂を敷いておくとよい。

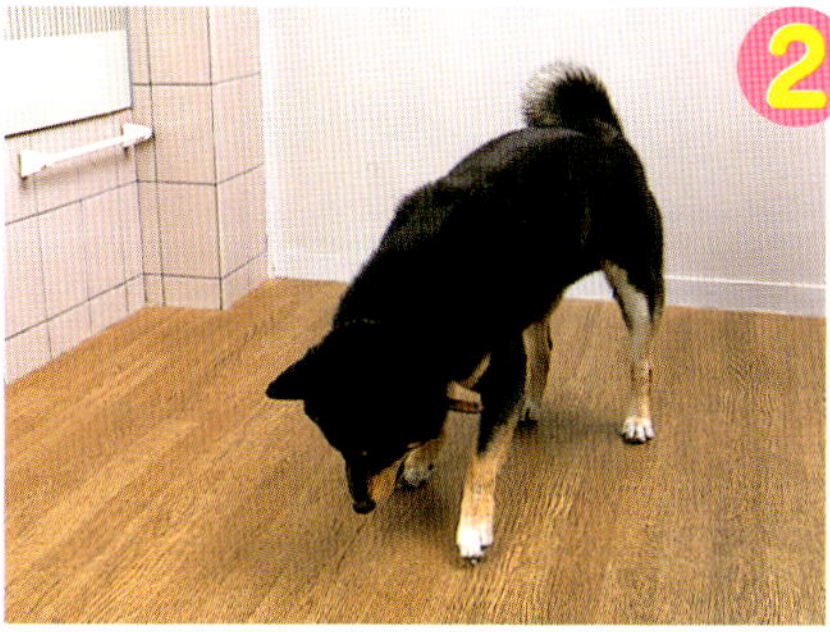

そわそわして床を嗅ぎ始めたり、腰を下げてクルクルと回り始めたら尿意や便意のサイン。サインを見逃さないよう、覚えるまではなるべく子犬から目を離さないように。

サインが見られたらただちにトイレへ連れて行く。食後や寝起きなど排泄サイクルに合わせて前もって連れて行くのもよい。「オシッコ」などと声をかけて排泄を促すとかけ声で排泄する習慣がつく。

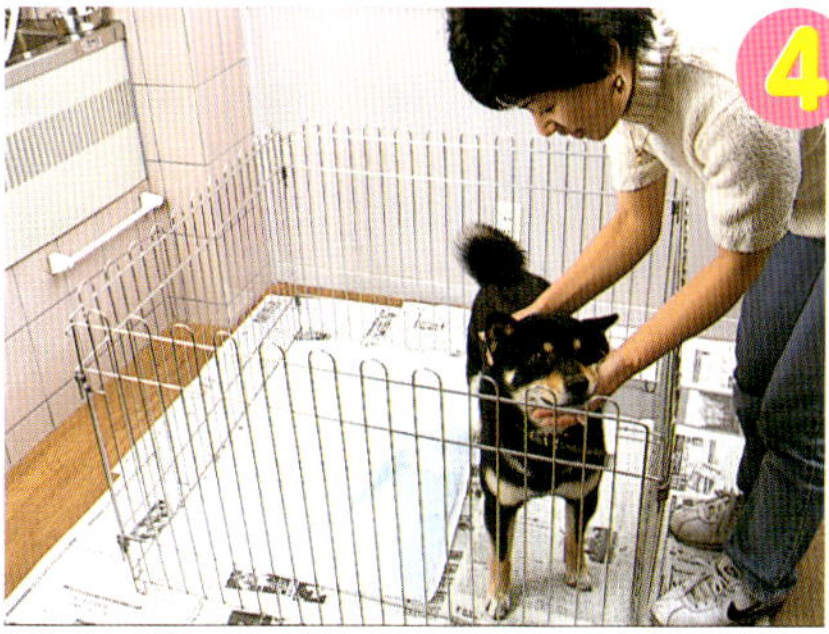

排泄したらよくほめる。慣れてきたらサークルを1面はずし、完全に覚えたらすべて取り除く。覚えるまではにおいづけのため使用したトイレシーツを少し残すといい。

トイレを移動したい場合

トイレは確実に覚えるまでは移動しないでください。トイレの場所が突然変わってしまうと犬は混乱しますから、移動する場合は毎日10㎝くらいずつ移していくようにします。犬はトイレの場所をトイレの大きさや形、シーツの素材やにおいなどでも認識していますから、移動してもトイレ自体は同じものを使用するようにしましょう。

室内から庭へ移動するときも同じ要領で窓へと移動。

第4章

食事のマナー

食事のしつけは服従心を養うよい機会。

食事を使ってスワレとマテを教えて行こう

食事の場所は1か所に決めてください。与える時間は、リーダーである飼い主が食べ終えたあとにするとよいでしょう。もし催促して吠えられても無視してください。うるさいからと応じるとかえって吠え癖をつけることになります。

食事を与えるときは、飼い主のスワレ、マテ、ヨシの合図に従って食べさせるようにします。このような食事のしつけには、愛犬の服従心を養うといった大切な意味がありますから毎日の習慣にしてください。食器は、床ではなく、犬の胸骨の高さの台の上に置くようにします。

もし食事中に子犬が遊び出したら、食器をかたづけてしまい、一定の時間内で食べ終えることを学習させます。

犬の食事は毎日の決められた食事以外は基本的に与える必要はありません。特に室内飼いをしていると人の食べているものをほしがるのでつい与えがちですが、こうした行為は愛犬の肥満を招くもとです。執拗にねだられても無視していれば犬は諦めます。犬用のおやつもしつけのごほうび程度にとどめましょう。

食事のしつけ方

食器を犬の頭より高い位置に持って行くと犬は上を向き自然に座る形になるので、その瞬間に「スワレ」と命令。座ったらほめる。

食器を床に置くと同時に犬の顔の前に手を出して「マテ」と命令。無視して食べようとしたら食器を取り上げて最初からやり直す。

10秒ほど待たせたら「ヨシ」という号令で食べさせる。人が食器をさわっても唸らないよう子犬のうちから食器に手を入れて慣らしておく。

スワレとマテはどこでもできるようにしよう

犬の行動を静止させたり、強い衝動を押さえるときは、スワレとマテが有効です。どんな状況下でも飼い主の指示に従えるよう、生後6か月頃になったら屋外で訓練をして行きます。はじめは比較的静かな場所で、慣れてきたらにぎやかな公園など刺激の多いところで行います。訓練時間は毎日10分程度にとどめ、よくほめて楽しく行うことを心がけてください。

マテを教えよう

1

正面に犬を座らせ、犬の顔の前に手を出して「マテ」と命令。

2

リードを持ってそのまま後ろへ下がる。犬が動きそうになったらすかさず「マテ」と命令し直して静止させる。

3

犬が動かずにいられたら、そばへ行ってよくほめる。慣れてきたら、マテをさせたまま犬の周りを一周したり、犬との距離を徐々に伸ばし、それでも動かずにいられるように教えて行く。

スワレを教えよう

1

方法は食事のしつけと同じ。おやつを犬の頭にかざして、「スワレ」と命令。犬が座る前に命令するのがポイント。

2

座ったら、まずよくほめてからおやつを与える。おやつは与えすぎないよう小さく分割しておき、与えたり与えなかったりをくり返して減らして行く。命令する前はアイコンタクトをしよう。

第4章

呼んだらくるようにしよう

庭や室内での習慣がついたら外でも練習しましょう。

コツはそばにきたらよくほめて喜ばせること

子犬のうちから呼ばれたらくることを習慣づけると、日々の生活がとてもスムーズに行きます。

はじめは、おもちゃを使って子犬の気を引きながら優しく呼びかけてみます。子犬がそばへきたら、愛撫しながらたっぷりとほめてあげ、子犬を喜ばせます。呼んでもなかなかこないからといっておこると、子犬はおびえてますますこなくなります。また、子犬を追いかけたりすると、逆に逃げ癖をつけてしまいますから注意しましょう。

場所を選ばずにいつでも呼んだらくるようにするためには、生後6か月頃から屋外でも訓練していきます。

コイの教え方

おもちゃを使う

少し離れたところからおもちゃを見せてうまく子犬の気を引きつけて優しく呼びかける。

そばにきたら体を優しく撫でながらよくほめてあげる。

リードを使う

屋外ではリードを使う。子犬を座らせてから「コイ」と命令してリードを軽く引き寄せ誘導する。

そばにきたらよくほめてあげる。慣れてきたらロングリードを使って犬との距離を伸ばして行く。

ハウスに入っておとなしくすごす習慣を。

ハウスを教えよう

ハウスは愛犬のパーソナルスペース

室内で飼う場合でも、犬が自分ひとりでくつろげる場所としてハウスを用意してあげます。日頃からハウスですごす習慣を身につけておくと、来客時や留守番、車で遠出をするときに役立ちます。

ハウスにはケージやサークルを用い、中にタオルを敷いてすごしやすいようにしておきます。場所は家族の姿が見えるリビングの一角が最適です。

はじめは、「ハウス」と命令して入口から子犬を軽く押し入れます。中に入ったら必ずほめてあげ、これをくり返しながら少しずつ離れた場所から命令していくようにします。慣れてきたらハウスの中でおとなしく待つことも覚えさせます。

ハウスの教え方

1 子犬をハウスの入口まで連れて行き、「ハウス」といってから軽くお尻を押して中に入れる。おやつで誘導して中へ入れてもいい。

2 子犬が中に入ったらよくほめる。これをくり返していき、押さなくても「ハウス」の指示で中に入るようにしていく。

3 慣れてきたら、少し離れたところからでも「ハウス」の声の指示だけで入るよう練習して行く。

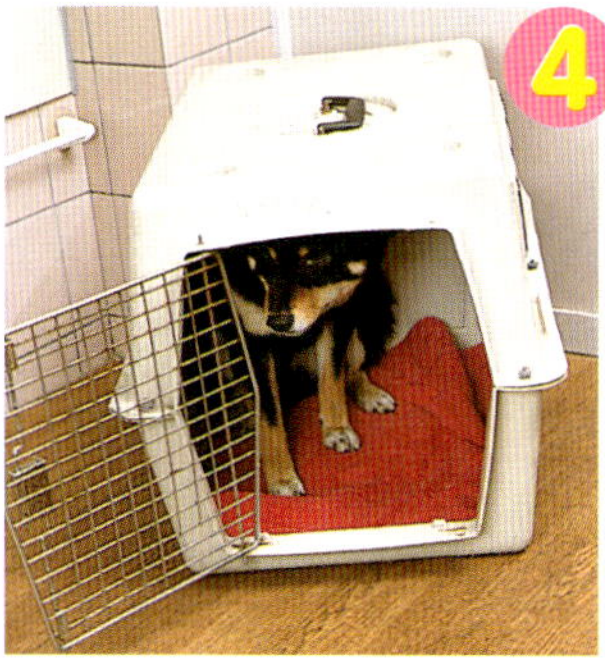

4 中に入ることに慣れたら、おもちゃなどを与えてドアをしめてしばらく中ですごさせる。出たがって吠えても無視するのが大事。

第4章

散歩のマナー

横について歩く練習をしましょう。

散歩のしつけ方

犬は左側につけ、右手はリードの先、左手は中央を握り、リードは少したるませておく。アイコンタクトを忘れずに。

犬が前に出ようとしたら「アトヘ」といって瞬間的にリードを引き、元の位置に戻す。

ときどき真横にリードを引いて方向転換するといい。また止まったり速度を変えてみる。

上手にできたらよくほめる。慣れたらリードは自然に持ち、楽しく散歩しよう。

犬の散歩でも飼い主が主導権を握る

生後5～6か月ともなると体力、自立心とも備わり始め、飼い主を引っ張って好き勝手に歩きたがります。しかし、これを許していると次第に犬の気持ちの中で上下関係が逆転していきます。犬の散歩とはいえ主導権を握るのはリーダーである飼い主です。この時期になったら飼い主に合わせて歩く練習を始めていきましょう。家の出入りは犬にマテをさせておいて、飼い主から先にします。外に出たら犬を横につけて、飼い主のペースで歩きましょう。もし引っ張って先に出ようとしたら、リードで制御してください。

練習時間は30分以内にとどめておきます。あらかじめ目的地を決めておき、そこへ到着したらボールなどでたっぷりと遊んであげます。覚えてきたら、メリハリをきかせて楽しく散歩しましょう。

また、散歩中に拾い食いしようとしたときは「ダメ」と一喝しながらリードを瞬間的に引いてショックを与えてやめさせます。ほかの犬の残した尿や糞を口にしようとしたときも、同じように抑制してください。

守りたい飼い主のマナー

他人の玄関先や公園の砂場などで排泄させないようにし、排便は必ず持ち帰ります。首輪には鑑札をつけておきましょう。リードをはずして遊ばせたいなら、まずマテやコイの訓練は徹底しておき、人けのない広い場所を選ぶことです。

自転車に乗って一緒に走る

小柄な割に速足で運動量の多い柴犬には、自転車での運動が適しています。ときに全力疾走させて心身ともに鍛えて行きましょう。始めるのは生後6か月以上たってからにします。交通量の多い地域の人は車に注意してください。成犬になったら牡で5㎞、牝で3㎞走るのが適当です。はじめはゆっくりと走行しましょう。

まず自転車を引いて一緒に歩く。左手でリードをしっかり握り犬は左側に。

ゆっくりと30分ほど走行。日を追ってスピードをアップして行く。

散歩のあとのお手入れ

体全体をブラッシングしてから、お湯につけ固く絞ったタオルで全身を拭きます。口や目の周り、排泄部位も丁寧に拭きましょう。

室内犬は足を洗います。パッドの溝や指の間も忘れないように。

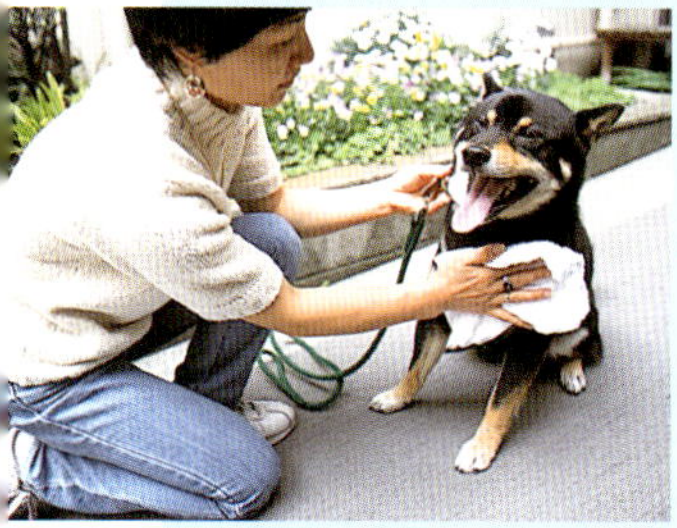

お湯で濡らしたタオルを固く絞り、顔から優しく拭く。全身をマッサージするように。

顔以外の全身にブラシをかけて体に付着した埃やゴミなどを取る。

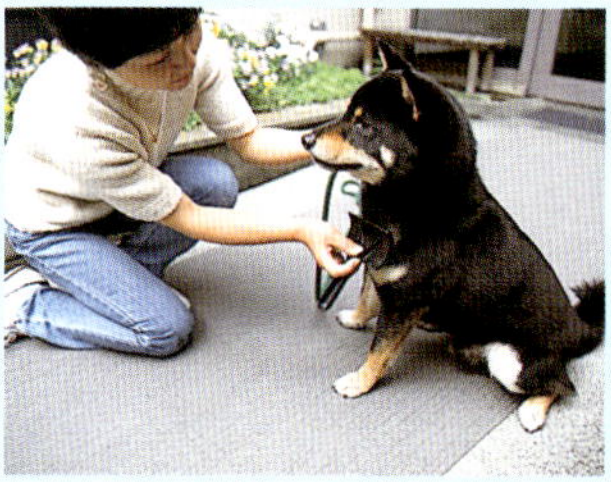

第4章

車に乗せるときのマナー

車で出かけることに慣れさせましょう。

ケージやバリケンに入れるのがいちばん安全。揺れも減るうえ、換毛期でも大量の抜け毛で車内をよごさなくて済む。

毎日少しずつ乗車させていこう

動物病院が自宅から遠い人や、愛犬を連れて遠出をしたいと考えている人は、車での移動が必要となってきます。しかし、犬にとって走行中の音や振動、停発車時の揺れは人以上に負担となるもので、ことに慣れないうちは車酔いすることもよくあります。いきなり乗車させて不快感を覚えてしまうと車嫌いになりますから、毎日少しずつ慣らして行くようにしましょう。

はじめの数日間は、止めた車の後部座席で遊ばせます。車内の雰囲気に慣れたようなら、次はエンジンをかけて音と振動に慣れさせて行きます。問題なければ次から走行して行きますが、走行時間は5分程度から始め、10分、30分と日ごとに長くして行きます。たいていは2週間もすれば慣れてきます。定期的に車で公園や広場など楽しいところに連れ出し、よい印象を植えつけておくといいでしょう。

おもちゃなどで一緒に遊び、車の中は安心できる場所だと印象づける。

運転に支障がないよう車内ではおとなしくさせ、ブレーキで下に落ちないよう体を支える。

長距離ドライブの車酔い対策

出発前や車中では水以外の食事は控えておきます。走行中の急ブレーキ、急発進、急ハンドルは避けるよう心がけ、車内はまめに換気します。1〜2時間おきには休憩をして散歩で気分転換させます。車酔いの前兆であるひんぱんなあくびやよだれが見られたらすぐに休憩を取ってください。心配なら動物病院で酔い止め薬を処方してもらいましょう。

ケージやバリケンに入れるのがいちばん安全

走行中は犬を好き勝手にさせてはいけません。いちばん安全なのは犬をケージやバリケンに入れておく方法です。ハウスの要領で中に入って待つことをしつけて行けば、走行中でも安心してすごせるようになります。ケージに入れないのなら、犬用のシートベルトを装着するか、運転者以外の同乗者が後部座席で支えます。走行中の車内温度は快適に保ち、ときどき換気をしましょう。犬を車中で待たせる場合は、日陰に駐車して窓を5cmほど開けておきますが、夏や日差しの強い日は犬を車内に残してはいけません。

事故防止のための注意

窓から顔を出させない

走行中に窓から顔を出させるのは危険。換気のときは少しだけあけること。

運転席に乗せない

運転に支障をきたす恐れがあるので犬を膝に乗せて運転しないこと。

日射しの強い日に車中に置き去りにしない

夏や日差しの強い日に犬を車中に残すと脱水や熱射病になる危険性が大。

乗り降りは飼い主の合図で行儀よく

乗り降りは飼い主の合図でさせる。ドアをしめるときは注意を払うこと。

第4章

ひとりでお留守番できるようにしましょう。

留守番のマナー

犬はもともと留守番が苦手な動物

群れで生活する習性を持つ犬は、ひとりですごさなければならない留守番が苦手です。それでもたいていは我慢しておとなしくすごしていますが、中には留守番させると部屋中至るところに排泄してみたり、ものをこわしたり、あるいはうるさく吠え続けて近所迷惑となる犬もいます。これは、ひとりにされた腹いせや退屈しのぎのほかに、別離不安といって極度の不安や寂しさに襲われてパニック状態におちいることが原因とされています。

別離不安は、飼い主への依存心が強い犬ほどその傾向が見られます。柴犬はもともと独立心旺盛な犬種ではありますが、日頃からかまいすぎたり、節度のない飼い方をしていればそうなる危険性は十分あり得ますから気をつけてください。

数分間の留守番から始めていこう

上手に留守番してもらえるようにするには、外出しても必ず戻ってくるという安心感を持たせることです。それには、ごく短時間の外出を毎日数回くり返していくとよいでしょう。最初は1分でもかまいません。様子を見ながら10分、30分と時間を長くしていきます。

留守番を特別なことと感じさせないよう対応に気をつけることも必要です。家を出るときは、どんなに犬が悲しそうに鳴いても「ごめんね」とか「すぐ帰って

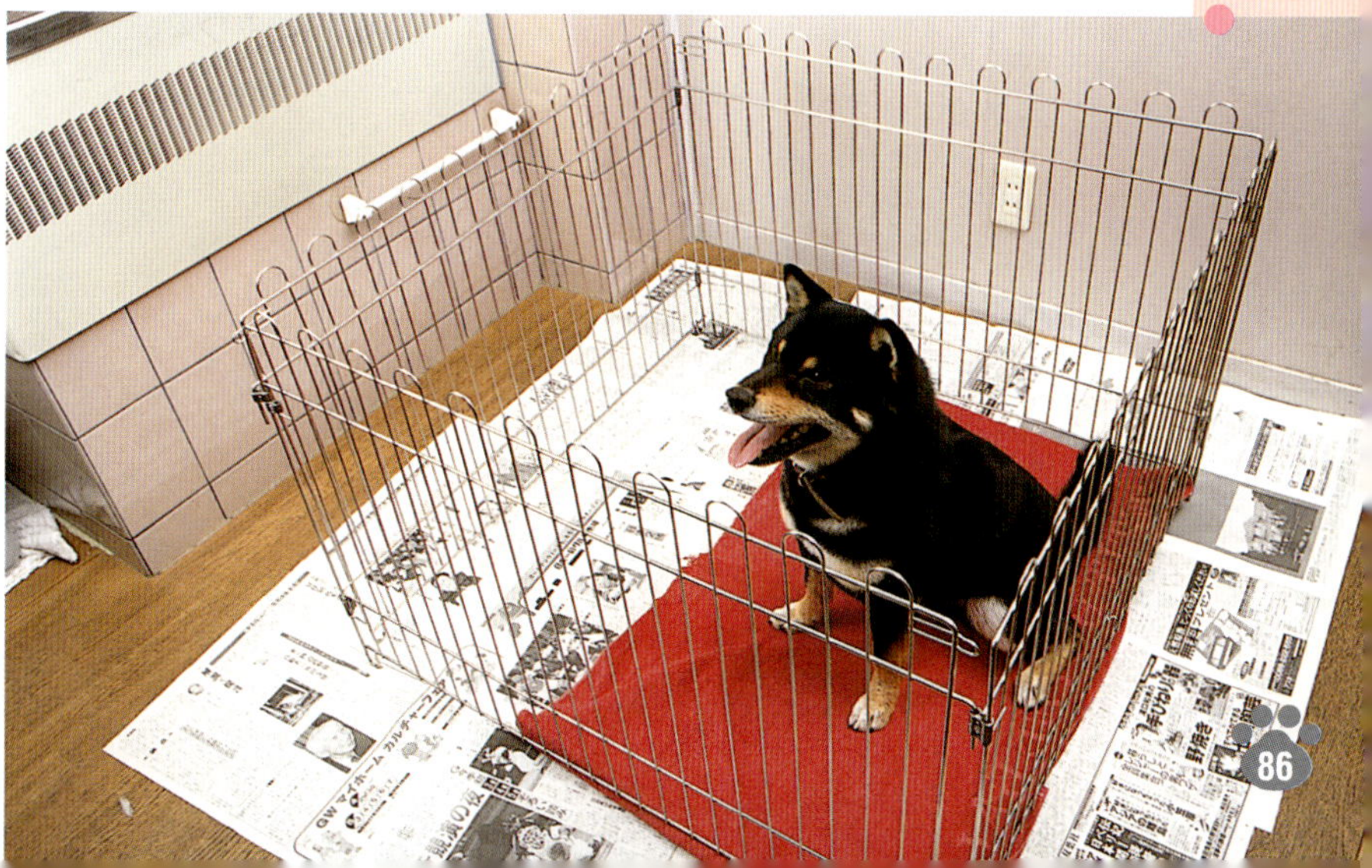

外飼いの場合は留守中のむだ吠えと脱走に気をつけたい。

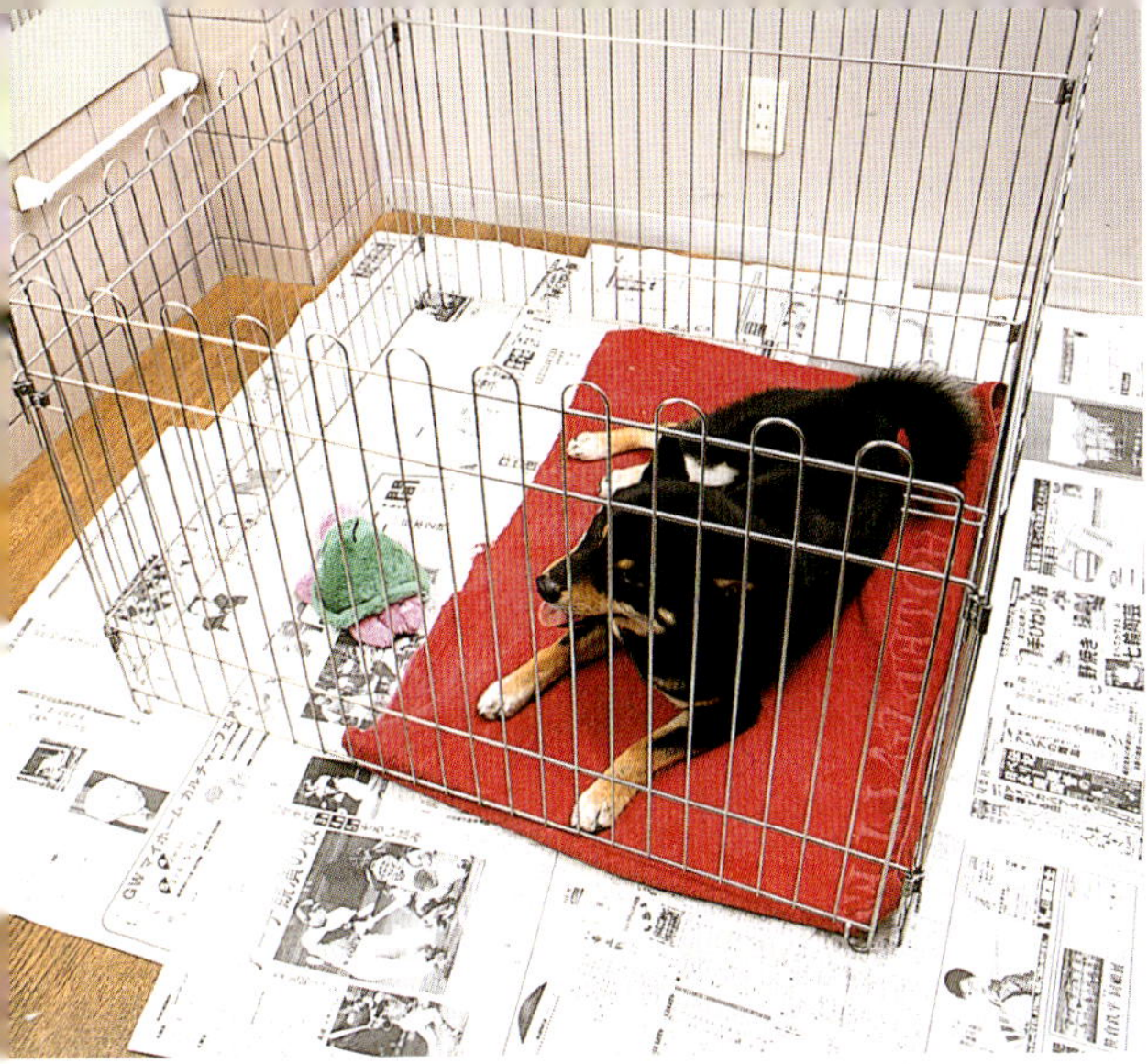

柴犬は独立心旺盛で我慢強い犬種。
留守番だって簡単にこなせるはず。

くるからね」とか犬の不安をあおるような言葉をかけてはいけません。できれば何もいわないほうがいいでしょう。帰宅したときも、何事もなかったかのようにふるまいます。犬が喜んで吠えたり飛びついてきても落ち着くまでは無視してください。

もし部屋が荒らされていたり粗相のあとがあっても平然をよそおうことが肝心です。いけないこととはいえ、それを叱るとかえって飼い主の気を引けたとばかりに次も同じ行動を取るようになって逆効果です。この場合は無視することで罰を与えましょう。

部屋を荒らされたくないなら、外出前にかたづけて、おもちゃや犬用のガムなどを与えておきます。ハウスに入れる習慣をつけるのもよい方法です。

夏場はエアコンをつけて快適な温度を保つよう配慮してください。

留守番の対策と心得

●外出・帰宅はそっけなく

家を出るときは不安感をあおるような言葉はかけない。戻ってきたときもそっけなく対応する。

●部屋をかたづけておもちゃを与える

部屋をかたづけておけば犬も荒らしようがない。おもちゃや犬用ガムなどを与えて暇つぶししてもらう。

●部屋を荒らされてもおこらない

部屋を荒らされてムッときても平然をよそおう。おこるのは犬の思うツボ。犬のいないときにかたづけを。

●室内温度は快適に

夏場は部屋を締め切っていると室内温度、湿度ともかなり上昇する。エアコンをつけて室内は快適に保つ。

第4章 問題行動は子犬のうちに直そう

原因をさぐり、適切な方法で解消していきましょう。

やみくもに叱る前にまずは原因追求を

人にとって迷惑となったり、奇怪と感じられる犬の行動を問題行動と呼びます。

こうした行動は、犬の習性、性格、遺伝的性質、健康状態、飼育環境、しつけや管理などさまざまな要因によって引き起こされるものです。それを無視してやみくもに叱るだけでは、一向に解決できないどころかさらに悪化させてしまうことさえあるでしょう。

問題行動を早く解消するには、なぜそのような行動を取るのか原因を見きわめてそれを取り除くことです。また、何らかの矯正が必要な際は、状況に応じた適切な方法で対処することが大切です。

甘やかしが問題行動を生み出す

問題行動の中には、子犬のうちから習慣化したものも多くあります。

例えば、人を噛んだり人に飛びついても、子犬だからと叱らずにほうっておけば、力のついた成犬になっても見境なく人を噛んだり、飛びついてくるようになりますし、吠えて催促されたことにいつも応えていれば、吠えればなんでも思い通りになると覚えて吠え癖がついてしまいます。

過剰に甘やかしていれば、反抗的で手に負えない犬にもなりかねません。身についてしまった習慣を直すのはたいへんです。成犬になってから悩まないように子犬のうちに兆しが見られたら早期に手を打っておきましょう。

犬の問題行動には必ずなんらかの原因があるはず。

問題行動 1
家の前を通る人や犬に吠える

家の前を通る人や犬は、自分の縄張りをおびやかす外敵。犬は吠えて外敵を警戒しているのです。

これは犬の縄張り意識から起こる自然な行動です。犬にとって自分が暮らす家や庭は自分の縄張りであり、その前を通る人や犬はそれをおびやかす外敵です。その外敵から縄張りを守ろうと警戒して吠えているのです。番犬として飼うのではないなら、なるべく刺激をさせない場所に犬舎を移し、室内飼いならやたらと外を見せないようにしましょう。うるさいからと大声でわめくように叱ると、加勢と勘違いして逆効果です。また、興奮しだすと飼い主の声も届きませんから、吠え始めたらすかさず丸めた新聞紙で地面や壁を叩いて音で驚かせ「ダメ」と厳しく一喝します。陰からチェーンカラーを犬のそばにほうったり、金属性のものを叩いてもいいでしょう。吠えやんだらスワレやマテで落ち着かせてください。

犬が吠え始めたらすぐ、丸めた新聞紙でビシャッと床を叩いて驚かせて黙らす。

人通りが気にならないような場所に犬舎を移すことも考えてみよう。

問題行動 2
庭に穴を掘る

体を冷やす、埋めたものを掘り出すほかに、夢中になれる遊びとして楽しんでいることもあります。

掘っているのをやめさせるなら、その最中に「ダメ」と強く叱ってください。何度繰り返しても効き目がないなら、その場所に重しを置いてしまいましょう。また、散歩に連れ出してエネルギーを消耗させるのも方法です。夏場なら暑さ対策をもう一度考えてあげてください。

運動不足や退屈しのぎで穴を掘ることも多いので、散歩の時間を十分に取ろう。

問題行動 3
すぐ反抗的な態度を取る

権勢症候群と呼ばれ、子犬のうちから甘やかして何でもいう通りにさせてきたことが原因です。

注意すると唸って牙をむくのは、犬自身がリーダーだと認識しているためです。つまり、リーダーには逆らうなと威嚇しているわけです。過剰な甘やかしが原因ですから、飼い主は日頃の姿勢を改めてリーダーとして自覚を持って行動していくよう努めてください。

常にリーダーシップを取って主従関係を示していく。反抗したら厳しく叱ろう。

問題行動 4
手足を噛んでくる

子犬の甘噛みを許していると、成犬になっても平気で人を噛むようになります。

甘噛みといって子犬が遊びの延長で人の手を噛むことがあります。これを一過性のものだからと許していると、人を噛んでもいいものと認識してしまい、見境なく人を噛む成犬になっていきます。

さらに、それをこわがってしまうと、犬は噛むことで飼い主がいいなりになると覚えてしまい、どんどんエスカレートして行きます。

噛み癖をつけないためには、子犬のうちからいけないことだと教えていくことです。遊びの最中でも噛んできたら、犬の口を握って「イケナイ」と厳しく叱ってください。それでも噛んできたら遊びを中断してしまいましょう。

じゃれて噛んできたら口を押さえて「ダメ」と厳しく叱る。やめたらほめること。

また噛んできたらその場で遊びをやめてしまい、噛んだら遊べないと認識させる。

問題行動 5
散歩で出会った犬に吠える

牡犬の優位争いで相手を威嚇するほか、不安や恐怖心から吠えている場合があります。

生後7か月頃になると牡犬は性成熟し縄張り意識が芽生え始めます。そのため、散歩で出会うほかの牡犬に対し自分の優位を誇示しようと威嚇します。ほかの犬に吠えそうになったら、すかさず「ダメ」と叱り、同時にリードを瞬間的に引いてショックを与え、スワレやマテを指示して犬を落ち着かせます。

中には不安や恐怖心から吠える犬もいます。このケースは、子犬期にほかの犬との接触が少なかった犬に多く見られます。犬が吠えたら同じように抑制していくとともに、ほかの犬と仲よくなれるよう、知り合いに気立てのいい犬がいれば協力してもらって犬社会のルールに慣らしていくようにしていきます。

吠えかかる瞬間に「ダメ」と叱ってリードでショックを与える。

社会性のない犬の場合は、ほかの犬に慣れさせて犬社会のルールを学ばせる。

問題行動 6
自分の糞を食べる

犬は抵抗なく食糞する動物ですが、不衛生なのでやめさせましょう。

栄養不足あるいは食事の与えすぎや腸内寄生虫による消化不良が原因の場合があるため、まずは食事の量を見直して検便も行いましょう。また、食べ物によっては糞に添加物のにおいが残り、それにそそられて食べることもあるのでよく調べてください。食糞が習慣化していたら、食糞の最中に叱るか、排便後すぐにかたづけて食糞させないようにします。

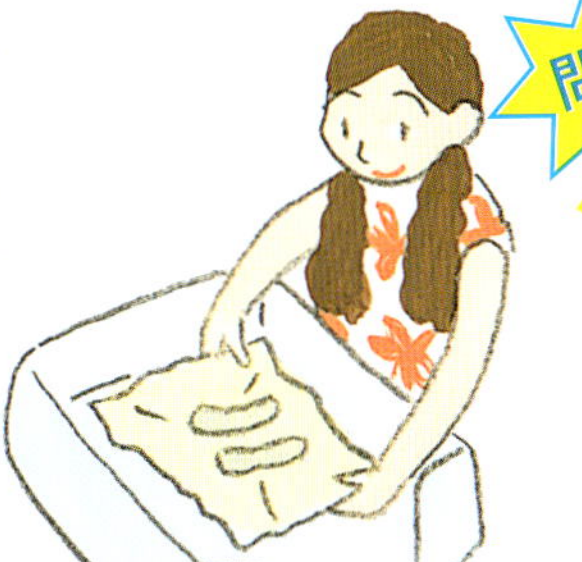

排泄のサイクルを覚えておき、すぐに便をかたづけるか食糞の瞬間を狙って叱る。

18世紀のイギリスで猟師たちが各自の猟犬を自慢し合ったのが始まり。

第4章 うちの子をドッグショーデビューさせたい！

美しく磨き上げた自慢の愛犬を披露。

ドッグショーのしくみを知ろう

ドッグショーとは、各畜犬団体が純血種の普及と質の向上を目的に開催している犬の展覧会で、犬種の理想像を記したスタンダード（犬種標準）により近い優秀な犬を選び出して表彰するものです。

ドッグショーには、1つの犬種だけを対象にした単犬種展やすべての犬種を集めて行う全犬種展などがあり、犬種標準や審査方法、システムは主催する畜犬団体で異なります。ここでは、年間通じて最も多くドッグショーを開催しているジャパンケネルクラブのチャンピオンシップショーを紹介しましょう。

ショーには、犬種部会による単犬種展、地域クラブのクラブ展、各クラブ連合会

最優秀犬決定までの流れ

犬種ごとに牡と牝に分かれて、それぞれ1頭ずつBOB(ベスト・オブ・ブリード)を選ぶ。次に同じグループのBOBの中から牡と牝それぞれ1頭ずつBIG(ベスト・イン・グループ)を選び、そこからキングとクイーンを選ぶ。最後にこの2頭でBIS(ベスト・イン・ショウ)を争う。

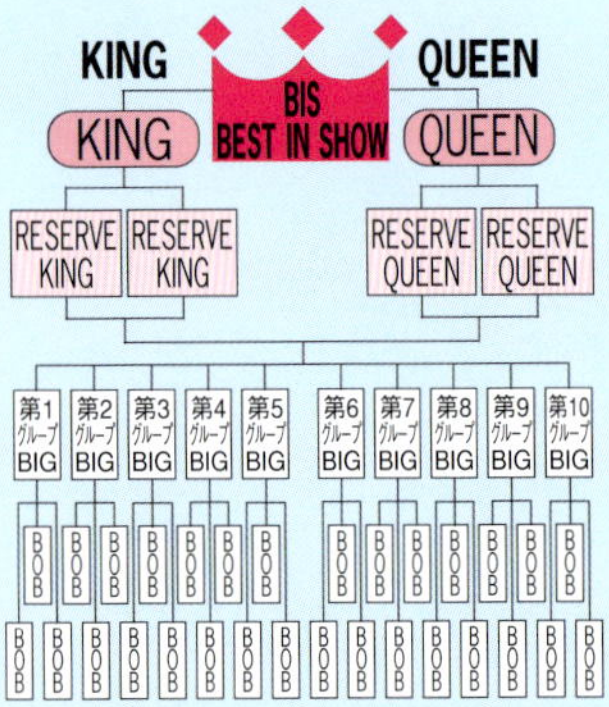

によるクラブ連合展、本部や各ブロック主催のＦＣＩインターナショナル・ショーとがあり、公式のショーに参加できるのは生後９か月以上からになります。審査では、見た目や触審で犬の質や性格を見きわめるほか、姿勢や立ち居ふるまいなどを見比べます。犬種ごとの審査から始まり、次にグループ、そしてチャンピオン決定戦と進んでいき、規模によってはその過程で性や年齢でも分かれます。

ドッグショーを見学しよう

出場を考えているなら、まずドッグショーを見学してみることです。大きなショーでなければ、たいていは公園などを利用して開催しているため無料で見学できます。ショーの流れや審査方法、ルールなどをよく観察しながら、機会を見て出場者にしつけや訓練方法、飼育管理の仕方などを聞いてみるといいでしょう。ただし、くれぐれもショーの邪魔にならないよう注意してください。

ショー出場はクラブ会員が前提

愛犬をドッグショーに出場させたいなら、その犬の血統書を発行している畜犬団体への入会手続きと血統書の名義変更をすませます。会員になるとショーの予定がのっている会報が送られてきますから、参加したいショーを選んで主催するクラブへ申し込みます。

はじめは、地域クラブ主催のショーやタイトルとは関係のないマッチショーに参加するといいでしょう。

ショーで勝ち進むには、素質が何よりですから、ショータイプの柴犬が望まれます。それなりのしつけや訓練も必要で、歩行審査では一緒に歩く人のハンドリング技術も要求されます。

審査基準となる6つのポイント

1 タイプ
スタンダード（犬種標準）として決められたその犬種特有の体形や性質などを、その犬がどれだけ正確に備えているかを審査。

2 サウンドネス
触審して骨格や筋肉の状態、噛み合わせといった肉体面の健康状態を審査、および体にさわられて攻撃したりおびえることがないかどうか精神面の健康状態も審査。

3 クオリティ
その犬種の特色がどれほど質的に充実し、魅力的に発揮されているかを審査。

4 バランス
体形、性格、行動など全体的に調和が取れているかを審査。一部分だけがきわめてすぐれていることよりも、全体の調和が取れていることのほうが重視される。

5 コンディション
日頃の食事や運動、手入れが適切になされているかどうか、その日の犬の体調を見ることで審査する。

6 ショーマンシップ
ショーのリングにおいて、どの犬がより審査員を魅了しているかを見る。この審査では、犬をハンドリングする人の技術が大きく結果を左右する。

column4

柴犬って太りやすいの？あなたの愛犬肥満度チェック

肥満は万病のもと

犬も肥満が進むと、糖尿病や関節障害、心臓血管障害などの病気を起こしやすくなるという点では人間と同じです。愛犬に健康で長生きしてもらうためにも、スリムな体形の維持はぜひとも必要です。

柴犬の標準体重は牡8～10kg、牝7～8kgぐらいとよくいわれますが、骨格などの個体差も大きいので、理想体重は一概にいえません。成犬になりたてで肥満している犬は少ないので、このときの体重を目安にして15％増までにとどめるよう注意します。

また体重をはからなくても、見た目やさわった感じから肥満しているかどうか判断することもできます。

ダイエット作戦は食事療法と運動療法で

肥満は、運動量に見合わない食べすぎから起こっている場合がほとんどです。まず間食をいっさいやめ、食事は完全にドライのドッグフードに切り換えます。量も今までの3分の2まで減らし、それを朝昼晩の3回に分けて与えるようにします。飼い主の強い意志が必要となります。散歩時間を伸ばす、ドッグスポーツを始めるなど運動量も意識的に増やしてください。ただしすでに肥満の合併症がある場合は獣医師の指導下で行うこと。

さわってみて肋骨が感じられるか

両脇の肋骨のあたりを軽くさわっただけで、骨の凸凹が感じられるのが正常。確かめるようによくさわってやっとわかるのは、やや太り気味。脂肪が厚く、骨にさわれない状態は肥満。

真上から見て胴のくびれがわかるか

犬を立たせて真上から見たとき、胴のくびれがわかるのが正常。おなかの部分がふくらんでいるようなら肥満。また側面から見た場合肥満気味の犬は後ろ足にかけて下腹部のラインがゆるんでいるはず。

第5章 犬が大好きな時間を作る

第5章

人にさわられることに慣れさせよう

素直に体にさわらせることで従順性を育てます。

子犬のうちから全身をさわって慣れさせよう

おなかや足先、耳、口など神経が敏感な部分は犬にとって急所にあたります。ある程度成長してくるとその部分を守ろうと警戒しだし、人からさわられることをいやがるようになります。無理にさわろうとするといやがって暴れたり、中には噛みついて抵抗するケースもあります。

こうなると、シャンプーや爪切り、耳掃除といった日常の手入れに苦労するだけでなく、動物病院での診察や治療の際に獣医師に迷惑をかけることにもなりかねません。どこをさわってもいやがらずに受け入れてくれる犬に育てるには、子犬の頃からスキンシップを兼ねて全身をよくさわり、人への信頼感や服従心を養っておくことです。

全身を包み込んで安心感を与えよう

いきなり全身をさわる前に、まず子犬の全身を包み込むように静かに抱きしめて人への安心感を覚えさせて行きます。

犬が落ち着いているようなら「ヨシヨシ」と優しく声をかけたり愛撫したり、犬の上半身を起こして胸のあたりを優しく撫でてあげます。

もし、犬がいやがって動こうとしたら叱らずに少し力を強めて抱きしめるようにして犬の動きを制します。

●ホールドスチール

子犬を座らせ、背後から優しく包み込むように抱きしめる。子犬が落ち着くまでその状態を保つ。

片腕で子犬の上半身を持ち上げて胸から首にかけて優しく撫でる。いやがったら強めに抱きしめる。

安心して身をまかせるようになってきたら、次から子犬の全身を撫でて行きます。まず犬を横に寝かせ、脇腹や腰のあたりを優しくさすってみます。もしじゃれてきたら、足や腰を軽く押さえて落ち着かせてください。

犬を横にしたままあせらずにゆっくりと耳や口、足先とさわっていきます。そして、犬をあおむけにさせて胸を撫でたりくすぐったりして犬を喜ばせながら、おなかや足のつけ根、尾をさわって行きます。

●横にして体を撫でる

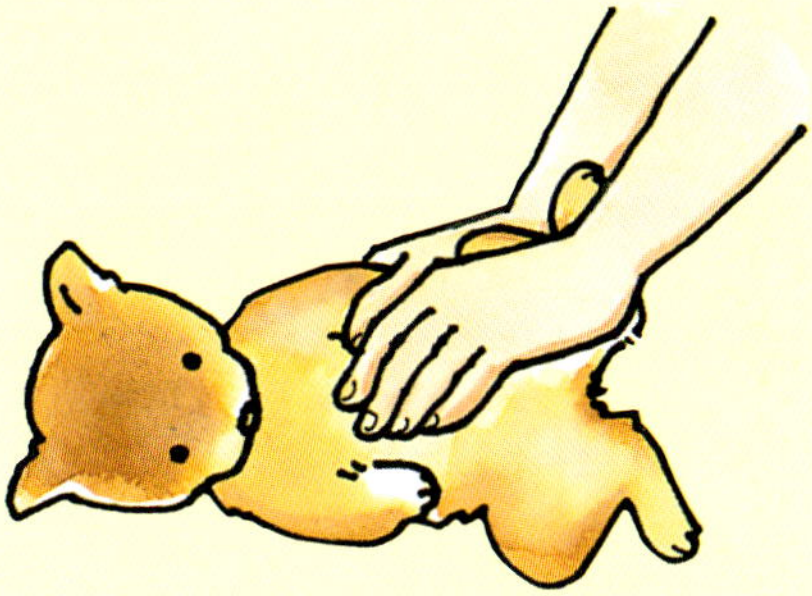

犬を抱いた状態から静かに横に寝かせて行く。じゃれてきたら足や腰を軽く押さえて落ち着かせる。

●手足をさわる

前足からさわる。パッドを軽く押したり、溝や指の間、爪をさわる。後ろ足も同様にさわる。

●耳をさわる

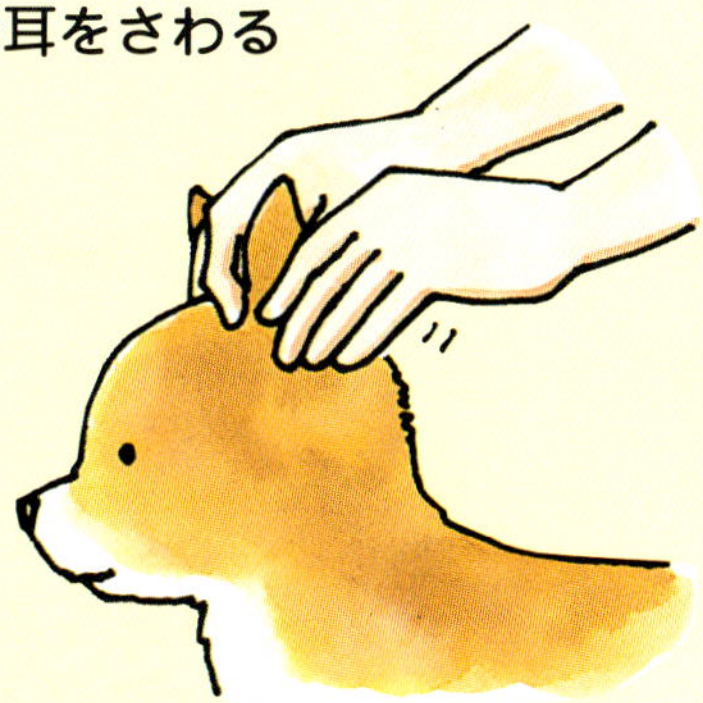

耳をさわる。つけ根を撫でたり軽く揉んだら、徐々に耳の先や中をさわって行く。

●あおむけにして撫でる

あおむけにして胸や首を撫でたら、腿のつけ根やおなかも撫でる。尾もつけ根から先までさわる。

●口に手を入れる

口の周りを撫でたら口をあけて手を中に入れる。歯をさわったり、歯茎を軽く揉んでみる。

第5章

グルーミングはリラックスできる心地よい時間

毎日の被毛の手入れでスキンシップをはかりましょう。

グルーミングはさまざまな効果をもたらす

グルーミングとは、ブラッシングやシャンプー、爪切りといった犬の手入れ全般のことをいいます。グルーミングの目的は愛犬を美しく見せるだけでなく、体を清潔にして病気を防ぐことにもあります。中でもブラッシングは手入れの基本であり、被毛のよごれや死毛、寄生虫を取り除くほか、皮膚に軽い刺激を与えて血行を促し新陳代謝を高める効果があります。また、全身をさわるので一種のスキンシップにもなり、同時に服従心も養えます。柴犬は短い剛毛なので、よごれにくく毛玉もつきにくいのですが、換毛が激しいので1日1度はブラッシングして死毛を取り除いてください。特に換毛期には入念に行い一気に取るように。ブラシは、スリッカーか硬めの獣毛ブラシを使います。スリッカーのほうが死毛がよく取れますが、獣毛ブラシだと静電気が少なく毛づやも出ます。換毛期には毛かきを使うと効率よく死毛が取れます。

換毛期って何？

冬毛から夏毛へ、夏毛から冬毛へと生え換わる時期を換毛期といい、基本的には春から夏にかけてと秋から冬にかけての年2回です。柴犬のように、硬い毛の下に豊富な綿毛が密生して生えている二重毛の犬種は特に大量に毛が抜けるため、念入りにブラッシングして浮き出した死毛を取り除かないと、蒸れて皮膚病になることがあります。

ノミ・ダニ予防

ノミ、ダニまたは黒い粉状のノミの糞が付着していれば薬浴で除去する。滴下式予防薬を投与するのが万全の予防策。

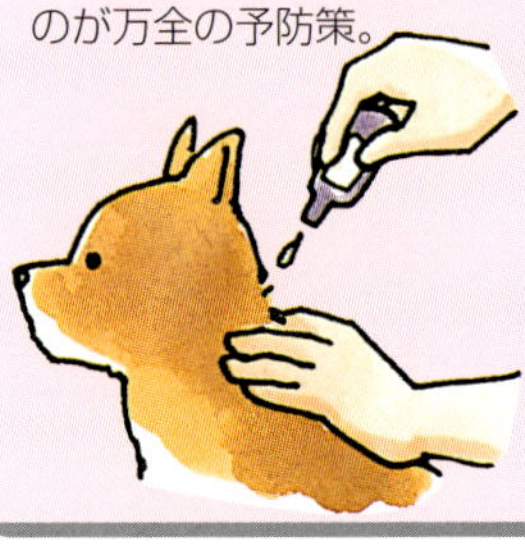

室内も屋外もこまめな掃除が大切。屋外犬舎は通気性をよくし掃除後は天日干しを。敷物やぬいぐるみは熱湯消毒する。

ブラッシング方法

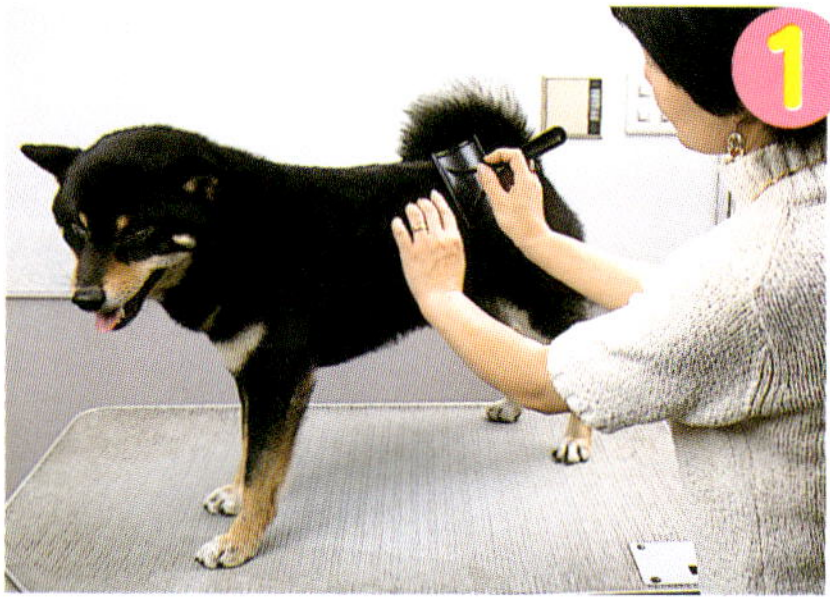

1 片手で被毛をかき上げ、皮膚と平行に腕を動かしてとかす。力を入れすぎないこと。

2 胸は、前足を持って立たせ上から下へと腕をおろすようにとかす。

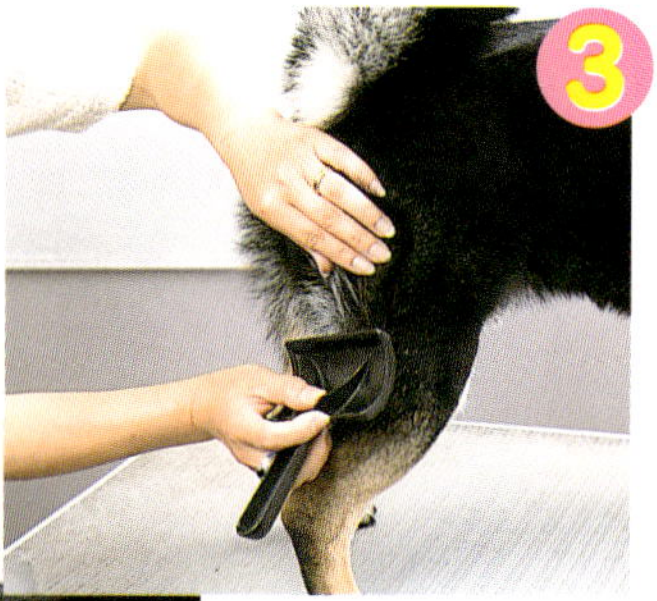

3 お尻は毛が密生しているので毛をかき分けて丁寧にとかす。

4 尾は根元から先へととかす。むりに毛を引っ張らないように。

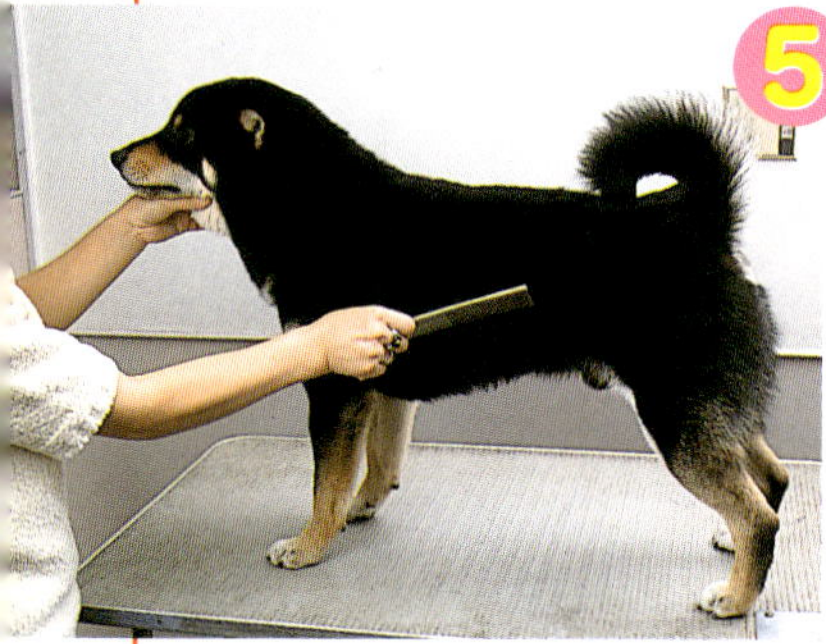

5 全身をとかし終えたら、最後にコームで毛の流れを整える。

スリッカー

適度に皮膚を刺激し死毛もよく取るが使い方が悪いと皮膚を傷つける。ピンが短めのソフトタイプを選ぶ。

コーム

金属性の櫛。皮膚に軽い刺激を与え、毛の流れを整える。

毛かき

死毛を取り除く道具。換毛期に利用したい。刃で皮膚を痛めないよう下毛をほぐしながら優しく死毛を取り、コームと獣毛ブラシで毛並みを整えて仕上げる。

獣毛ブラシ

静電気が少なく、毛づやが出る。被毛の奥の汚れを取るには硬めのものを選ぶ。

第5章

定期的なシャンプーは皮膚を清潔に保つ

犬が疲れないように手ぎわよく進めましょう。

必要な道具

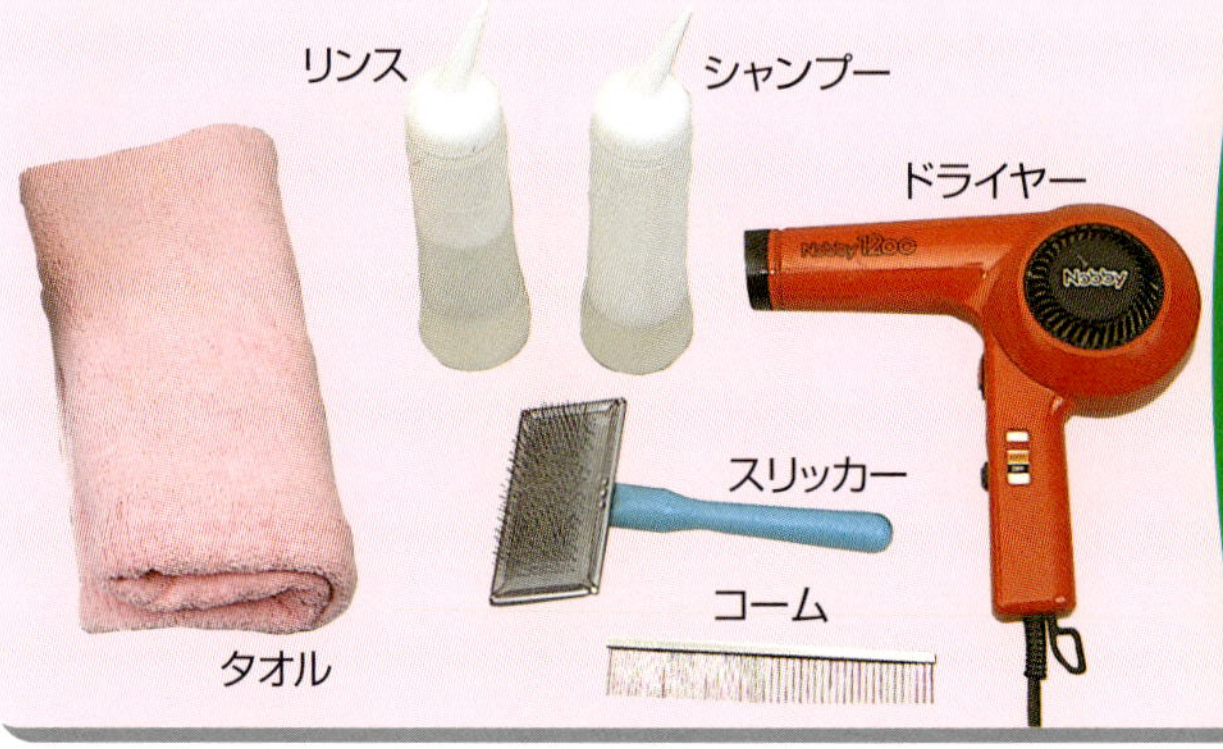

シャンプーは2か月に1〜2回を目安に

日頃のブラッシングや水拭きでは落としきれないよごれは、シャンプーで落とします。シャンプーには、皮膚にこびりついた老廃物を取り除き、体臭を減らす働きもあります。柴犬の場合、日本の風土に適応した体質をしていますから、シャンプーは2か月に1〜2回を目安によごれや体臭が目立つようになったら行う程度で十分です。必要以上にシャンプーをすると、皮膚を痛めて炎症を引き起こしたり毛づやを失ってしまいますから注意してください。

換毛期に入浴の回数を増やして抜け毛を促進したいなら、シャンプー剤は使わないようにします。

初めてのシャンプー

初めてのシャンプーは、予防接種を終えて数週間後くらいが安心です。健康状態が良好の日を選び、短時間ですませてください。シャワーの水圧とドライヤーの風圧は低くしてこわがらせないようにし、作業中は優しく話しかけましょう。シャンプー剤は低刺激の子犬用を使います。

掌《てのひら》に胸がくるように子犬を片腕に乗せ、指で脇と顎を支えてお尻から濡らす。

庭でシャンプーをする

外飼いで庭でシャンプーする人は、風邪を引かないよう晴れた日の午前中を選ぶようにし、作業はコンクリート上か、すのこを敷いて行います。外飼いはよごれがつきやすいため、面倒でもシャンプー後にドライヤーで下毛まで乾燥させて蒸れを防がないと湿疹や炎症のもととなります。

水はけのいいコンクリートの上が最適。なければすのこを敷いて行うとよい。完全に乾燥するまでは自由にさせないように。

シャンプー前の準備は万全に

シャンプーは天気のいい日に行います。シャンプーに必要な道具はあらかじめ揃えておき、犬が疲れないよう作業は丁寧にかつ手早くすませるよう心がけてください。犬が動いて作業が進まないようなら、リードでつないでおくといいでしょう。シャンプー前は、全身をよくブラッシングしておくことが原則です。

こんなときはシャンプーを避けて

シャンプーはことのほか犬にストレスを与えますから、体調のよいときを選びます。熱があったり、下痢をしていたりしたら控えてください。それ以外でも、牝犬の発情期や産前産後、生後3か月以内の子犬、予防接種直後は控えます。また、シャンプー前に全身の皮膚と目、耳をチェックして、もし異常があったなら治るまでは控えてください。

シャンプーの仕方

シャワー調整
シャワーの温度は人肌（37℃くらい）に設定。水圧は強すぎないこと。

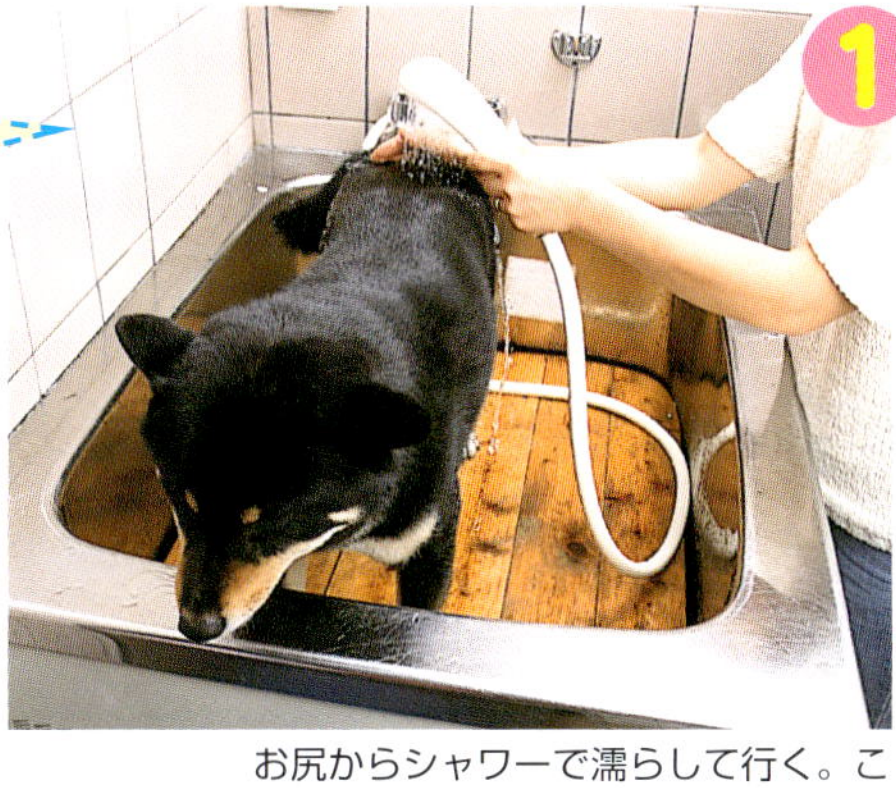

1 お尻からシャワーで濡らして行く。このときに下毛までお湯を浸透させることが大事。

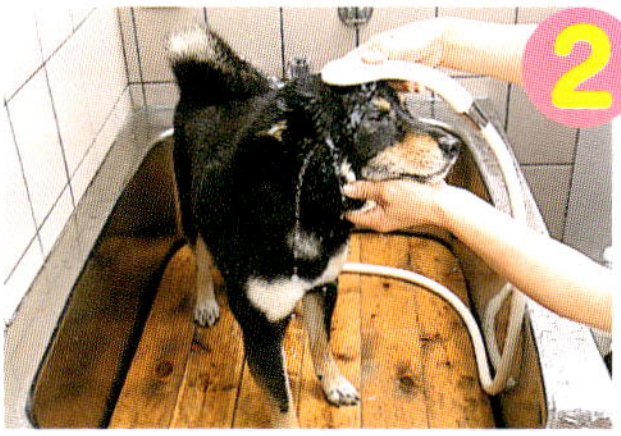

2 顔はシャワー口を頭頂部に密着させて水しぶきを出さないようにお湯をかける。

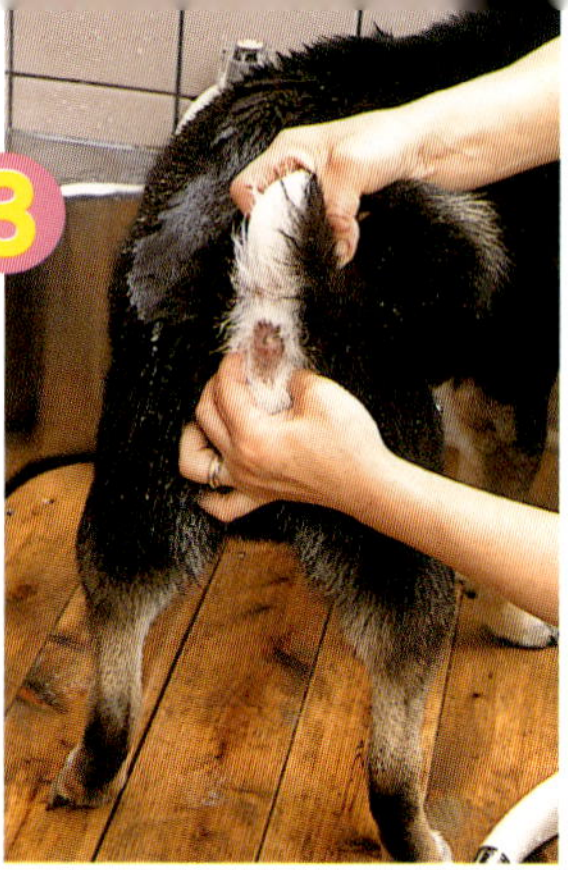

肛門腺を絞る。絞り方はP105を参考。

シャンプー剤
シャンプー剤は刺激の少ない弱酸性のものを選び、あらかじめ原液を水で薄めたものを用意しておく。

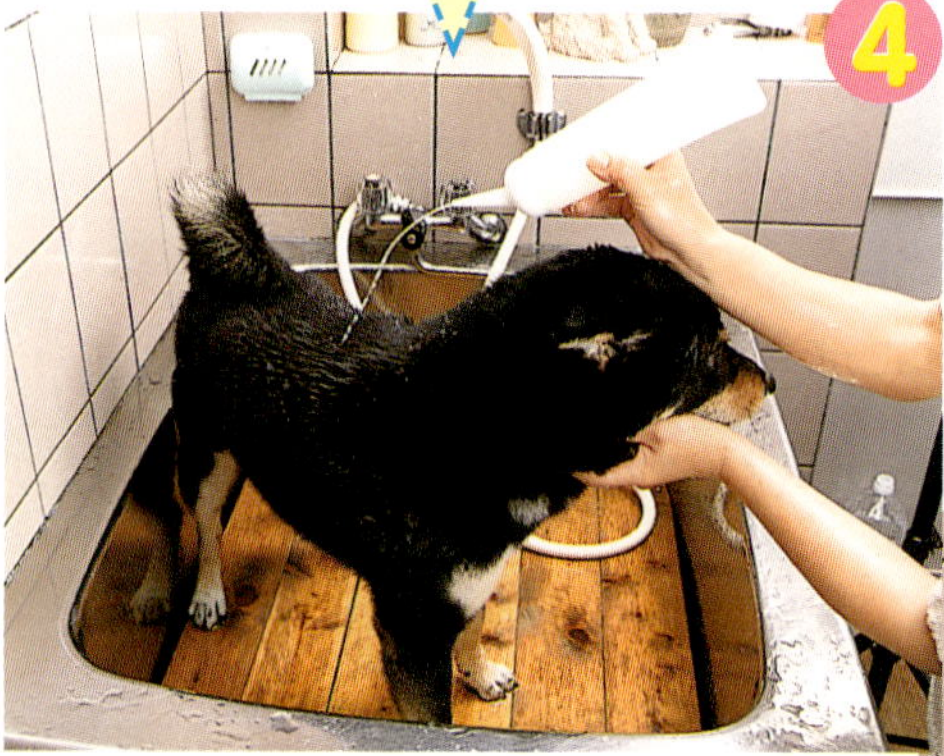

頭部を除く全身にシャンプー液をかける。

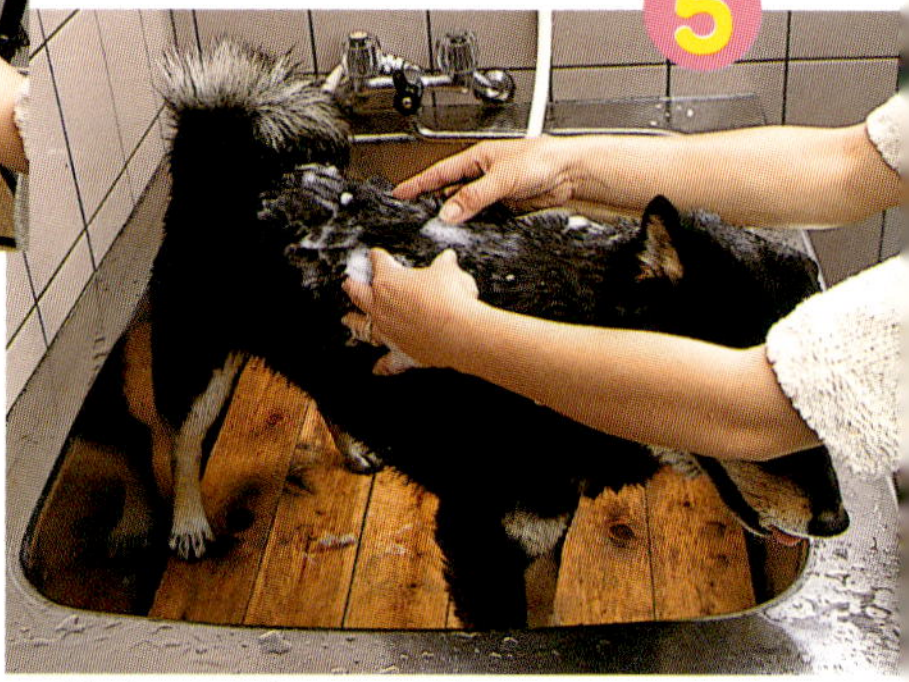

よく泡立てたら指の腹で地肌をさすって洗う。

尾は指の腹で揉むように洗う。

指の間やパッドの間の毛は特に丁寧に洗う。

耳は優しく揉み洗い。耳の中は洗わないこと。

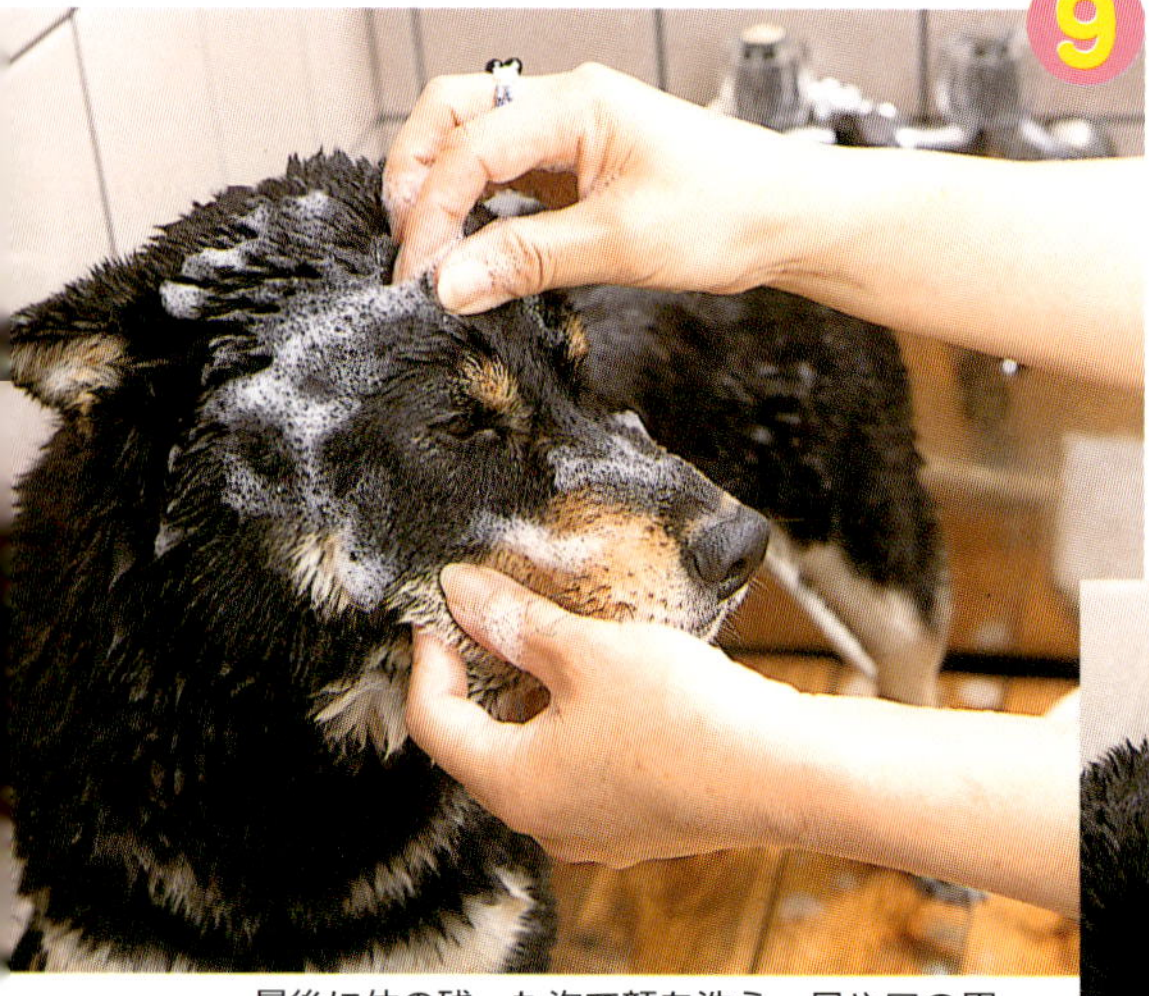

最後に体の残った泡で顔を洗う。目や口の周りも指先で丁寧に洗う。

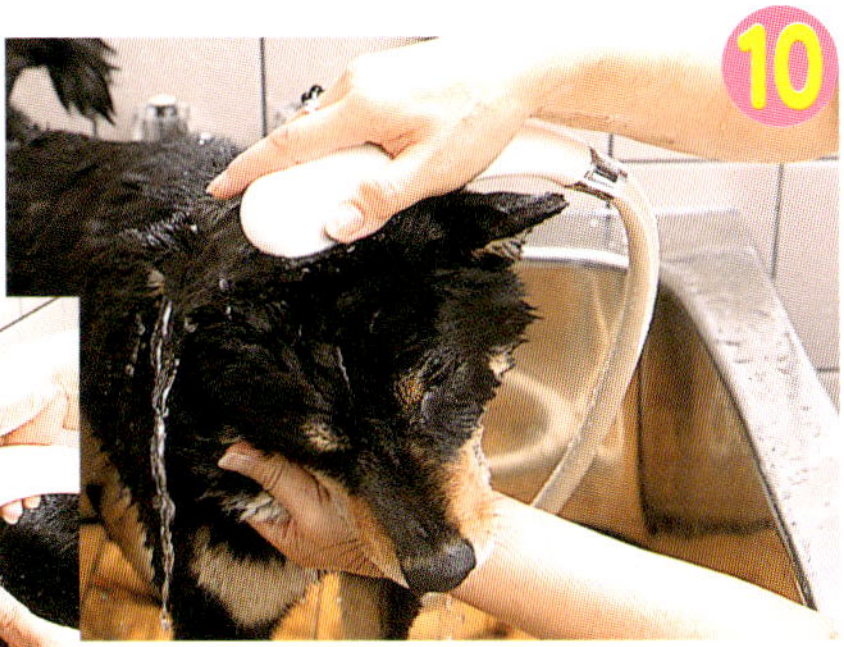

顔からすすぐ。すすぎは十分に行うこと。目の中も掌にためたお湯を注いで洗う。

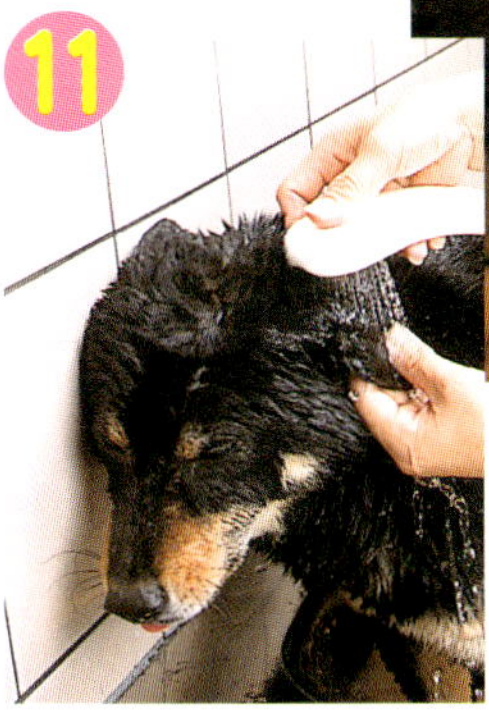

耳は片手で耳穴をふさいだ状態ですすぐ。

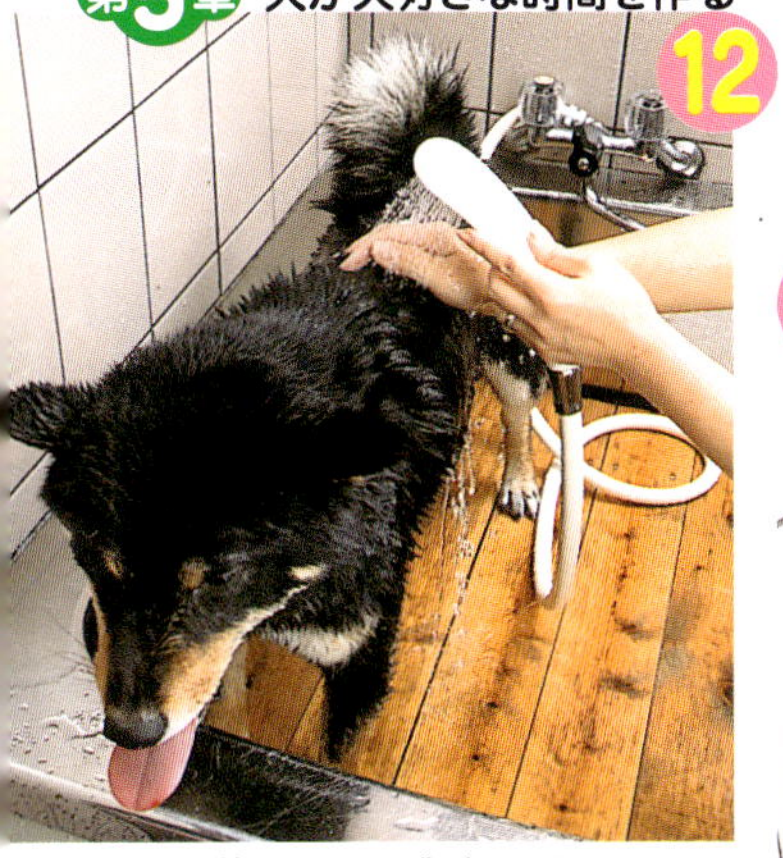

体もぬめり感がなくなるまでよくすすぐ。足の内側やお尻もすすぎ残しがないように。

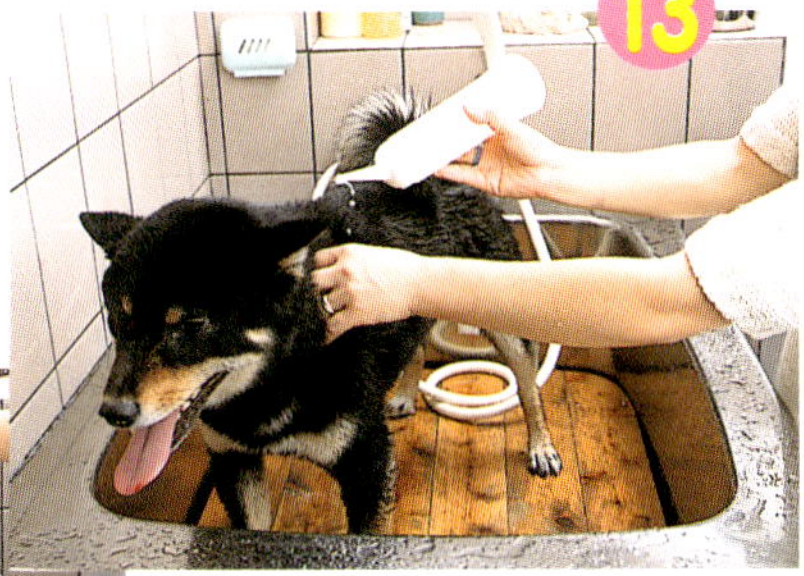

リンスはあらかじめ原液を薄めておき、顔以外の全身にいきわたるようにかけて軽く揉む。

リンスを流し終えたら手で被毛の水分を払う。

犬自身に身ぶるいさせ水気を飛ばしてもらう。身ぶるいさせるコツは耳穴に息を吹き込む。

タオルで水分をよく吸い取る。ここで水分をよく取っておくと乾燥が早い。

スリッカーでとかしながらドライヤーで乾燥。生乾きは風邪や皮膚病のもと。時間がかかるが下毛まで十分に乾かす。

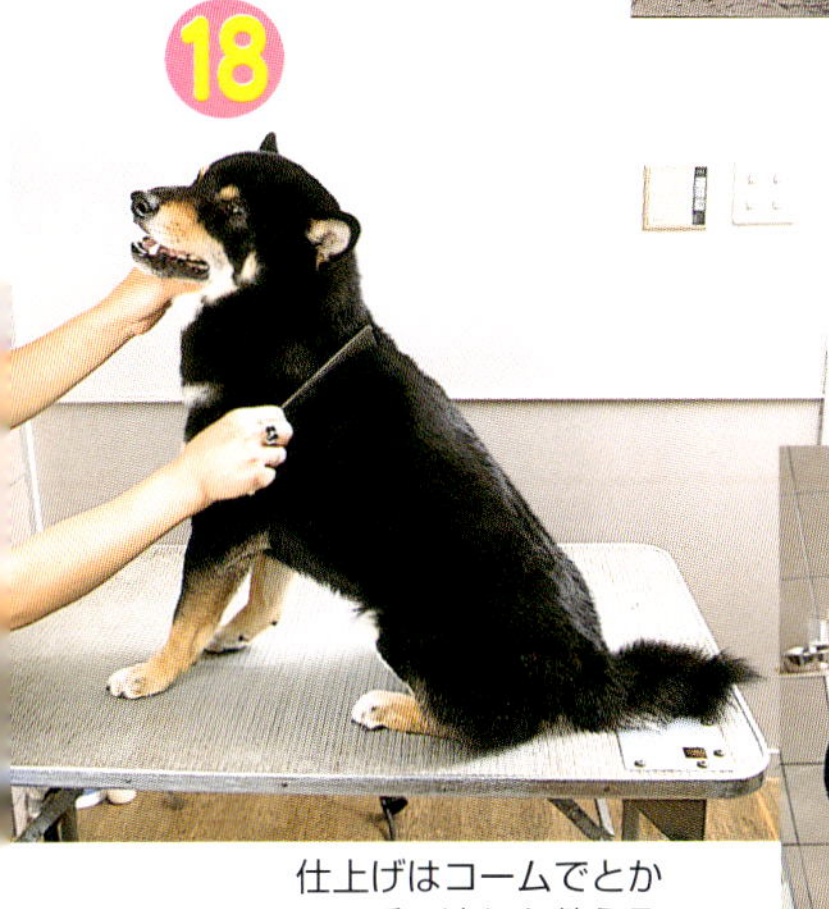

仕上げはコームでとかして毛の流れを整える。

第5章

耳、目、歯、肛門、爪の手入れも忘れずに

定期的な各部の手入れも健康管理の一環。

耳 耳の中も月に1回は掃除しよう

耳垢はほうっておくと悪臭や炎症の原因にもなります。柴犬は通気性のよい立ち耳ですが、月に1度は耳の中を掃除して清潔に保ちましょう。耳掃除は、鉗子か綿棒にコットンを巻きつけて、耳用のローションをつけて優しくよごれを拭き取ります。

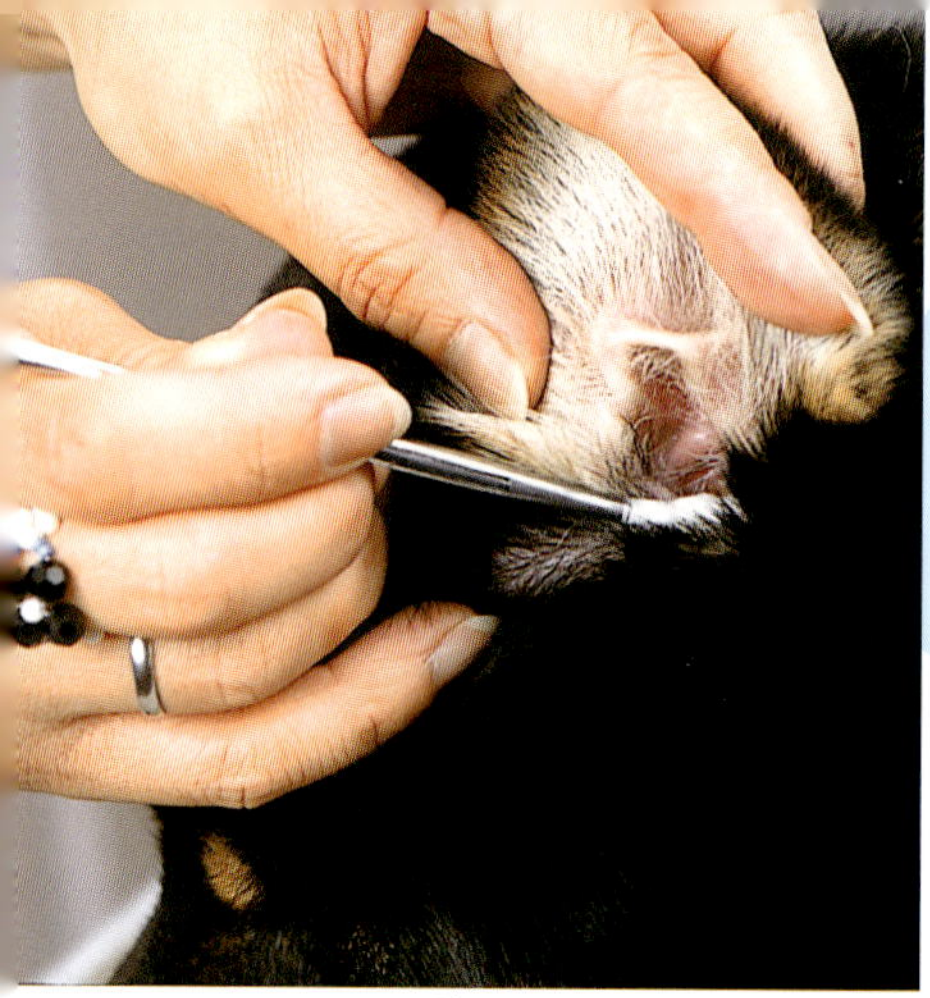

強くこすったり奥深くまで掃除して傷つけないよう注意。

目 目ヤニはまめに拭き取ろう

目ヤニは皮膚を傷つけないように水で湿らせたコットンなどで優しく拭き取るようにします。拭き取りながら、目ヤニの色に異常がないかチェックします。

目にゴミや埃が入ったら、生理食塩水や薄めたほう酸水をスポイトでさして洗浄します。

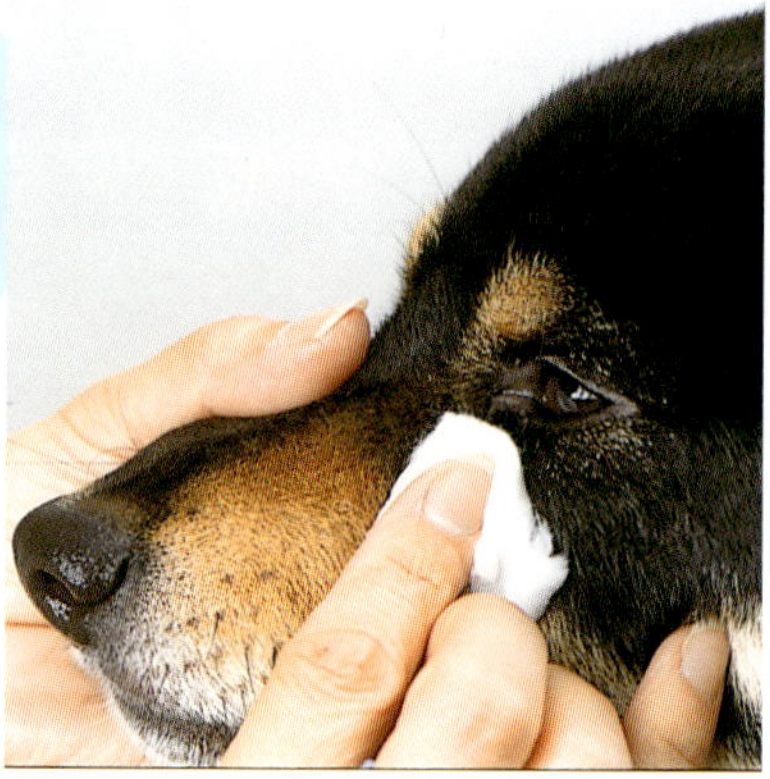

犬の顎を押さえて水で湿らせたコットンで優しく拭き取る。

歯 歯磨きは日課にしよう

虫歯や歯周病を防ぎたいのなら、歯磨きは日課にしましょう。磨き方は、ガーゼを巻いた人さし指で歯をこすって歯垢を落とすようにし、歯茎もマッサージします。日頃から犬用ガムなど固いものをかじらせておくのも予防策の1つです。

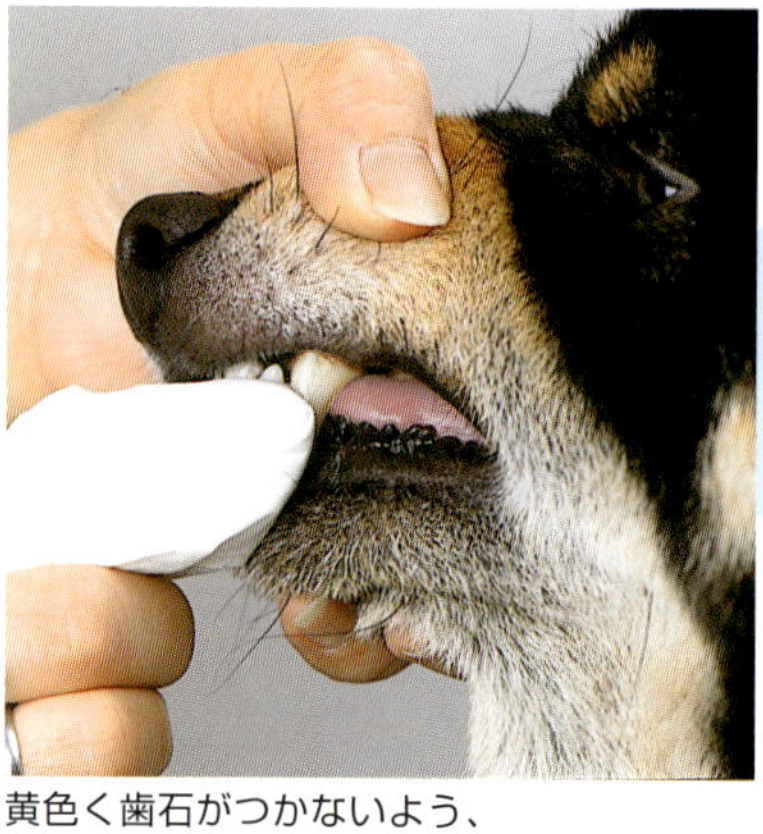

黄色く歯石がつかないよう、歯の表面を磨く。

肛門

排便時に出きらない肛門腺液は定期的に絞る

肛門の周りは常に清潔に保ちましょう。周りの毛に便が付着しないよう、肛門にかかる毛は鋏でカットします。

肛門の両脇には、肛門嚢といって肛門腺から分泌された悪臭の強い分泌液がたまる嚢があります。この分泌液がたまったままだと炎症を起こすことがあるので、定期的に絞るようにします。シャンプーのとき以外は、分泌液が飛ばないようティッシュをかぶせた状態で絞ります。

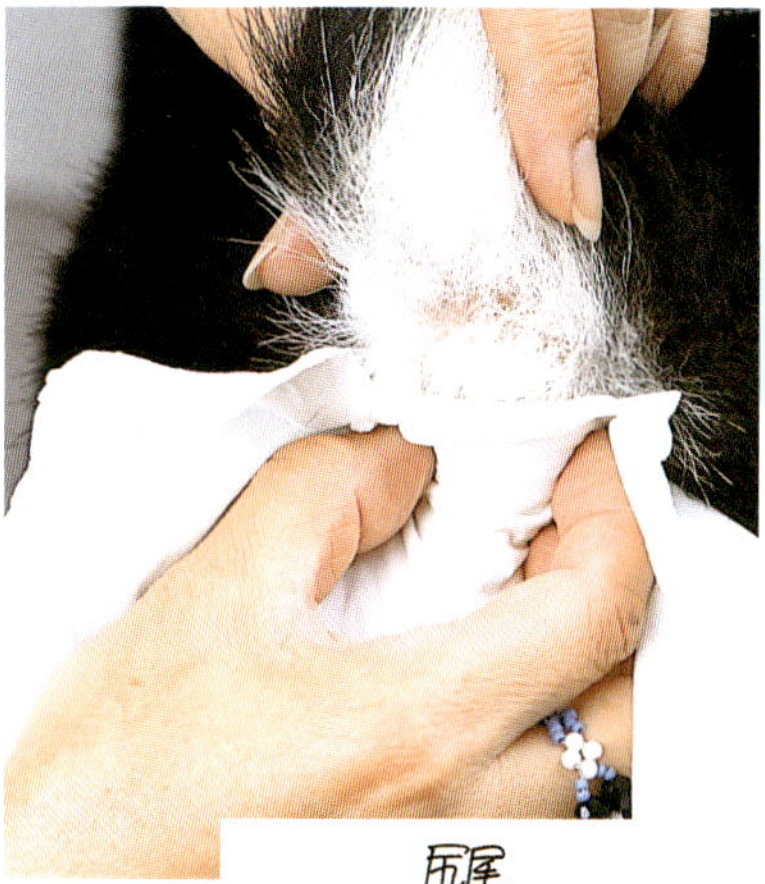

親指と人さし指を肛門嚢に当てて押し上げるように絞る。

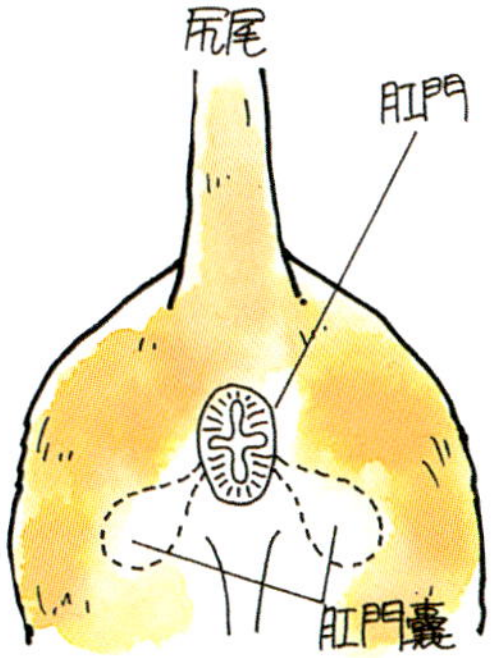

パッドを軽く押して爪を出し、爪の下から垂直に刃を当てる。

爪

犬の爪には神経と血管が通っているので深爪に注意して

犬の爪は固いので犬用のを使う。これは輪の中に爪を挟んで切り落とすギロチン式爪切り。

爪の伸びすぎは歩行の邪魔ですから定期的にカットしましょう。アスファルト上を散歩している犬だと自然に爪が削れますが、その場合も狼爪だけはカットする必要があります。

犬の爪には神経と血管が通っているため、深爪すると痛みを伴って出血しますから注意してください。血管が透き通って見えない黒の爪は、先をカットしたら神経がうっすらと白く見えるまでやすりで削ります。

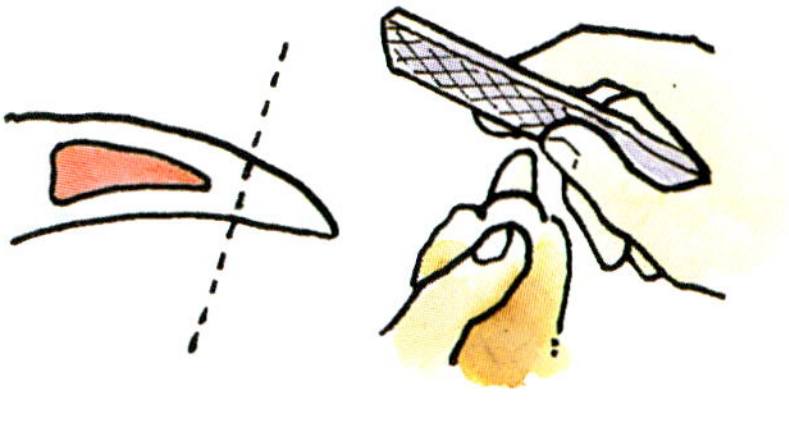

犬の爪には血管と神経が通っているので、ピンク色に透けて見える血管の手前をカットし角をやすりで削ります。狼爪も忘れずに。出血したら止血剤で止めます。

第5章

ドッグスポーツで愛犬との絆をもっと深めましょう。

運動好きの柴犬といっぱい遊ぼう

ボクはボール遊びが大好きなんだ。早く投げて！　わくわく…の図。

アジリティーに挑戦してみよう

アジリティーとは、犬と人とが一緒になって行う障害物競走です。コース上に並べられた10種類以上の障害を、並走する人の指示に従って犬がクリアしていき、いかに確実に障害をクリアしながら標準タイム内にゴールできるかを競います。主な障害には、ハードル越え、ロングジャンプ、タイヤくぐり、トンネルくぐり、全長4m高さ1mほどの橋を渡る歩道橋、台の上で5秒間フセをするテーブル、スラロームなどがあります。

初心者向けから上級者向けまで、コースの難易度によってクラスが分かれるほか、犬の大きさでもスタンダードクラスとミニクラスに分かれます。ミニクラスは体高40㎝未満の小型犬が対象になり、障害の高さが低くなります。標準的な大きさの柴犬ならこのクラスになります。

アジリティーは、各畜犬団体や愛好家の団体などが主催しており、参加は誰でもできますが、ひと通りの障害はクリアできるよう練習を積んでおく必要があります。基本的な服従訓練を徹底したら、競技会の体験コースや訓練所のコースを使わせてもらって練習しましょう。訓練所では練習の指導も行っています。

フリスビーを練習してみよう

フリスビーは大型犬だけのスポーツではありません。柴犬だって、持ち前の駿足とすぐれた判断力をフルに生かせれば、立派なフリスビードッグになれるはず。ぜひ挑戦してみましょう。

練習は、フリスビーディスクを引っ張りっこしながらディスクへの興味を持たせることから始めて行きます。執着心が出てきたらディスクを転がして追いかけさせ、コイの指示をして持ってこさせます。慣れてきたら、ごく短い距離にディスクを投げてキャッチさせてみましょう。上手にできたらたっぷりほめて、やる気を起こさせます。そして様子を見ながら徐々に距離を伸ばして行くようにします。

フリスビーができるようになったら、各ディスク団体が主催している競技会へ参加してみましょう。それぞれルールは異なりますが、主にキャッチの回数、距離、スタイルが採点基準となります。

ボクは泳ぎも得意。得意気な顔して、くるくると泳ぎ回っているよ。

ボール遊びはこんなところに注意

基本的にキャッチボールはリードを放して行いますから、基礎的な服従訓練ができていないとトラブルのもとです。場所も広くて人けのないところを選びます。使用するボールは適度に柔らかくてよく跳ねるテニスボールが最適です。ゴルフボールのような小さくて固いものは危険です。ボールを投げるときは、犬に向かって投げずに、犬から離れたところに投げて追わせるようにします。

キャッチボールを気軽に楽しもう

キャッチボールは誰でも気軽に楽しめる遊びです。犬も大好きですし、かなりの運動量になりますから、散歩の時間に取り入れてあげるといいでしょう。

はじめは、リードを持ったまま近くにボールを転がしてモッテコイの指示でくわえて持ってこさせる練習をします。

初めて見る雪に大興奮しちゃった。

第5章

犬もOKの宿泊先、ペットホテルを見つけよう

愛犬と一緒に自然の中で休日をエンジョイ。

自然の多いところで思いきり遊ばせよう

最近は、犬と泊まれる宿泊施設も増えています。家族旅行を計画するなら、こうした施設を利用すれば、大好きな愛犬とも一緒に旅行が楽しめます。

宿泊施設は、それをまとめて紹介した本や愛犬雑誌の広告から探すことができるほか、インターネットでも検索できます。犬の大きさを限定していたり、室内犬に限定していたりと、各施設によって犬の受け入れ条件が違いますから注意してください。

移動には車を使いましょう。バスや電車でも、キャリーケースに入れて手荷物とすれば持ち込むことができますが、電車の場合長さ70㎝以内、高さ・幅・長さの合計が90㎝以内のキャリーケースと決まっているため、成犬の柴犬ではむりがあります。バスでも、長距離バスの利用となると難しいでしょう。

長距離移動は犬に負担がかかるものです。旅慣れないうちは1～2時間で行けるところを選びましょう。また、せっかく犬を連れた旅行なのですから、犬の喜

心得ておきたい宿泊先でのマナー

- **犬をお風呂やベッドに入れない**
  犬を洗う場所は施設の人に確認を。ベッドには持参のシーツをかける。
- **入室前は足をきれいに拭く**
  入室前はタオルで犬の足と体を拭いてきれいにする。
- **部屋で留守番させるときはケージに入れる**
  食堂に行くときなど犬を部屋に残すときはケージに入れておく。
- **共有スペースではリードを放さない**
  犬が苦手な人もいるので客室以外はリードは放さない。
- **室内で手入れはしない**
  手入れは外でする。抜け毛はまとめてゴミ箱へ捨てる。
- **粗相は必ず伝える**
  粗相をしたら施設の人に伝え、よごした場所はきれいにする。
- **部屋は簡単に掃除してから退室する**
  退室する際は床の抜け毛を掃除し、消臭スプレーを散布する。
- **予防接種とノミ予防**
  各種予防接種をすませ、ノミの寄生もないよう予防しておく。

ぶ山や川など自然のある場所を選んで、思いきり遊ばせてあげてください。

海外旅行など犬を連れて行けないときは、ペットホテルや動物病院に預けることができますが、家族と離れてただでさえストレスがたまるわけですから、できるだけ環境のよいところを探してあげましょう。事故発生時の責任について書かれた契約書は内容を確認し受け取るようにします。

室内で排泄する習慣がある犬ならトイレのしつけは必須。マーキングには要注意。

宿泊施設ではルールやマナーを守ろう

宿泊先に予約を入れるときは、犬同伴であることを伝え、受け入れ条件に沿うかどうかを再確認しておきます。犬の食事やトイレ、ケージなど持参すべきものがあるかどうかも聞いておきましょう。

現地に着いたら、犬の入室できる場所や客室での犬のすごし方、犬の排泄物の処理の仕方など施設で定めている規則を確認しておきます。宿泊先に迷惑をかけないよう、くれぐれも規則やマナーは守って行動してください。

旅先では犬の気持ちも高ぶるものです。しつけが行き届いていても、思わぬ行動に出ることもありますから、犬からは常に目を離さないようにしましょう。

あると便利な旅行グッズ

うちの子はこんなにかわいい！

柴犬の飼い方アドバイス

File 1

飼ってみれば誰でも柴犬のかわいさにとりこになるよ

東京都　高橋久美子さん

柴犬には珍しく目がクリクリ。だから若く見られるけど実はもう10歳。

夏の暑い太陽が照りつける中、日陰に入ってしっかりカメラ目線のジョン君。

ジョン君
牡・9歳8か月

野良猫がきたときや雷が鳴るとどうしても吠えずにいられないんだ。

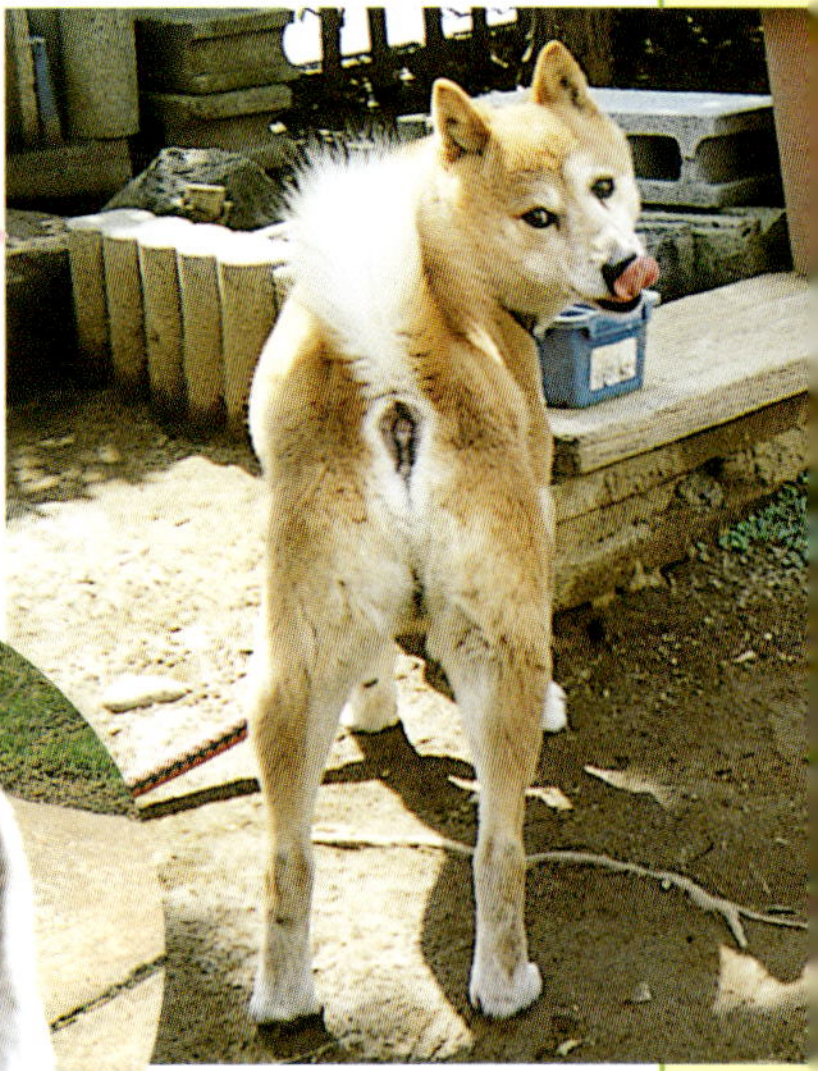

車の騒音が少し気になるけど、緑が多くて広い庭はお気に入りの住みか。

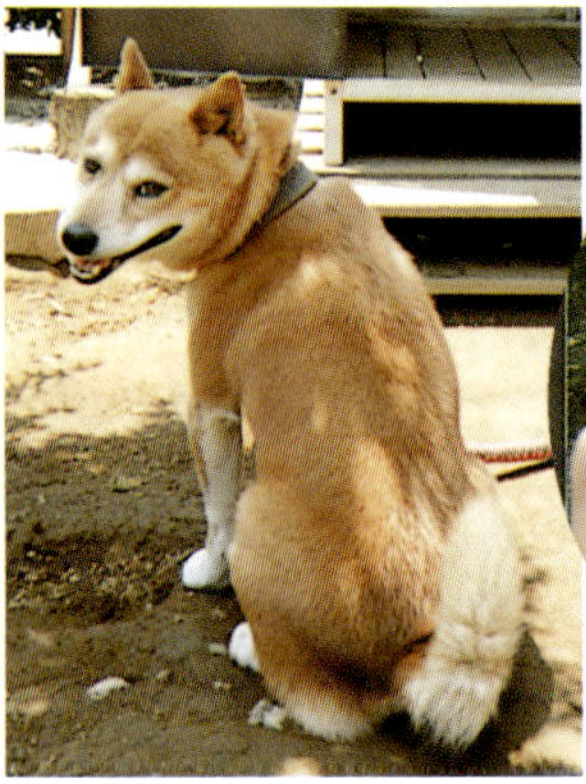

小型で飼いやすく、忠実な性格ということから柴犬を選びました。庭でリードにつないで飼っていますが、ある程度運動できるよう長めにしてあります。犬小屋はコンクリートの上だと夏は熱く冬は冷たいので、土の上に置いてあげ、入口には雨よけをつけました。犬舎やその周辺はまめに掃除して清潔に保つようにしています。しつけには苦労しました。今でもオスワリしかできません。でも一度覚えたことはしっかり身についており、どんなときでもオスワリは絶対に従ってくれます。あとはむだ吠えが少々多いのが悩みです。ブラッシングは週に2回していますが、換毛期はできる限り念入りにするようにしています。散歩は夕方に20分くらい。雨の日はお休みです。柴犬は気性が激しいといわれていますが、飼ってみると柴犬のかわいさにとりこになっちゃいます。私はしつけにちょっと失敗したけれど、しっかりしつければとってもお利口で頼もしいパートナーになってくれるはずです。

休日はボール遊びや山歩きで思いきり運動しています

File 2

愛知県　神藤由香さん

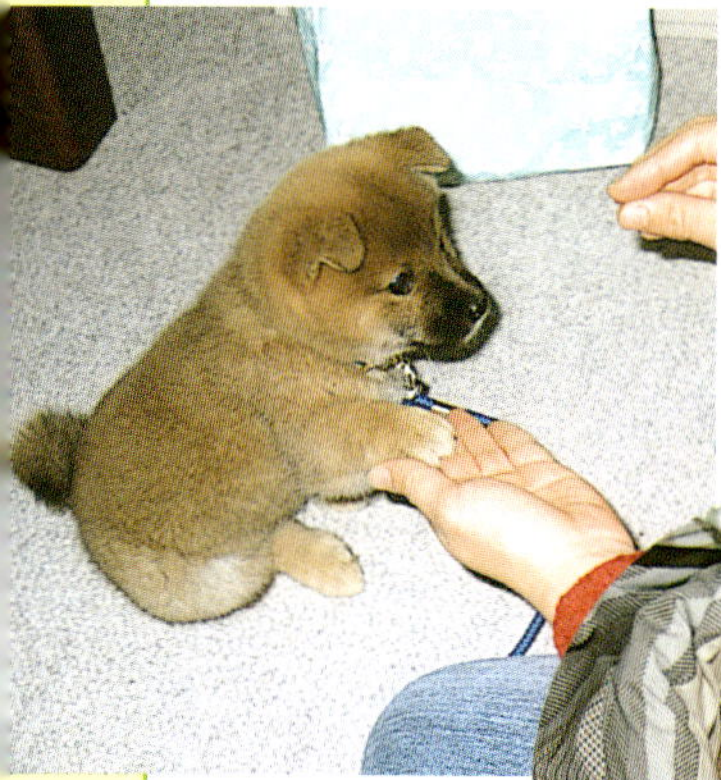

小さな頃たったの3回でオテ（お手）をマスター！　ボクの賢さがわかるでしょ。

こたつで寝るのは大好き。声をかけられて、頭だけ登場。

初めての雪に大興奮！「ボクの鼻にも雪が積もったんだよ！」

ゴン君
牡・2歳6か月

マンション購入を機に、かねてより飼いたいと思っていた犬を飼い始めました。りりしい日本犬が好きで、室内で飼うのにちょうどよいサイズだったので柴犬に決めました。

夫と私の2人暮らしで共働きなので留守番をさせることが多く、むだ吠えしないように、危険なものを届くところに置かないようにと気をつけています。また、休日や帰宅後にはできるだけ運動させています。平日は朝20分程度、夕方時間があれば1時間、なければ30分散歩をしています。休日はたっぷりボール遊びや散歩をします。野山にドライブに出かけることもあります。しつけはトイレも留守番も全く苦労もなくうまくいきました。しかし、かまわれるのがあまり好きではなくなってしまったのは残念に思っています。泳ぐのが大好きで冬でも池や噴水に飛び込んでしまうのにはちょっと困っているところです。柴犬の勝気な性質を大切にしつつ社会性を身につけるような飼い方がよいと思います。

あまり過保護にしないで抵抗力をつけさせてあげて

File 3

福岡県　猿渡ゆみ子さん

ボクはとってもきれい好き。毎日の身だしなみ、毛づくろいは欠かさないんだ。

じっと前を見つめるボク。こんなときは大事なことを考えてるんだよ。

広い公園は大好き！　天気もいいし早く一緒に遊ぼうよ！

小柴善太朗君
牡・3歳2か月

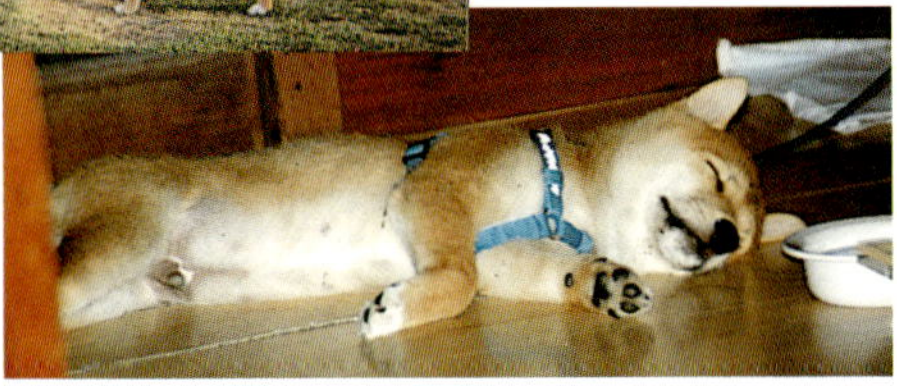

テレビで紹介されていた柴犬が5年前からほしくて飼い始めました。飼っているというよりは同居しているという感じです。散歩のとき以外は自由に行動させています。いつも私が帰宅するのを玄関で待っていてくれるし、私が眠っているといつの間にかそばにきて一緒に眠っています。皮膚病にかかってしまったので夏はエアコンをいつも25度（ドライ）にセットしています。あと、体重がすぐに増えてしまうので食事を工夫して調整しています。散歩は朝20～30分、夜30～60分の1日2回です。太り始めてしまったときはジョギングリードで一緒に走りました。

柴犬を飼うのに必ずしも専門書通りにする必要はなく、それぞれの人がそれぞれのライフスタイルに適した飼い方をすればよいのだと思います。うちの犬だけでなく他の犬も泥遊びしない犬はアレルギーになってしまうことが多いと聞きますので、あまり過保護にせず抵抗力をつけさせてあげてください。

File 4

柴犬はつき合えばつき合うほど味がある犬

兵庫県　岡直秀さん

明石海峡大橋を背にしてポーズ。なかなかカッコよくきまってるでしょ？

生後2か月のボクです。花むしりが得意技だったんだ。クンクン…。

お花と一緒に記念撮影。下駄箱の上だっていうのは内緒だよ。

リュウ太君
牡・3歳10か月

犬を飼うきっかけは一戸建ての家に引越したことでした。ペットショップの店員さんに飼いやすい犬だといわれて柴犬を選びました。

室内で飼っています。何か特別な工夫をしているわけではありませんが、毎日決まった時間に散歩に連れて行くことと、家族とできるだけ一緒にすごせるようにすることは心がけています。食欲やウンチの様子には常に気をつけ、気になることがあれば、できるだけ早くかかりつけの病院に連れて行くようにしています。大きな病気にかかったことはありませんが、皮膚が弱いのがちょっと心配です。月に1回シャンプーをし、換毛期にはブラシでむだ毛を取っています。散歩は朝30分、夕方60分の計90分が標準です。

散歩をしていると通りがかりの人に「きれいな犬やね」とか「いい顔してるね」といわれて、飼い主として嬉しく思ってます。柴犬は地味な犬ですが、日本の気候、風土に合い、つき合うほどに味がある犬です。

File 5

犬は愛情を持って接すれば必ず応えてくれるもの

埼玉県　岡田四郎さん

ぶんちゃんのアップ。ひげもしっかり生えて貫禄《かんろく》たっぷりでしょう。

床の上にぺったり寝転んで休憩中。でもりりしい視線はそのままなんだ。

早くこっちにきて一緒に遊ぼうよ！今日は何して遊ぼうか？

琥房号君
〔ぶんちゃん〕
牡・1歳9か月

雛姫ちゃん
〔ひいちゃん〕
牝・1歳2か月

犬が大好きで育てやすい柴犬を飼うことにしました。外で飼っているので、冬はできるだけ暖かくすごせるよう毛布や敷物を用意します。反対に夏にはできるだけ涼しいようにパラソルを用意したり打ち水をしてあげたりしています。散歩は毎日朝と夕方に45分くらいしています。土日や時間のあるときは1時間30分くらいします。これは私たちの健康のためでもあります。食事は1日2回決まった時間に与えそれ以外はなるべく与えないようにしています。あと、換毛期にはブラッシングを毎日しています。

　わが家では犬はペットというよりも家族の一員なので、人間の子供と同じように育てています。子供を育てるのと一緒で、愛情を持って接すれば必ずそれに応えてくれます。愛犬は無条件にかわいいものです。うちでは2匹の柴犬を飼っていますが、それぞれ性格は違います。じゃれ合ったり、体をこすり合ったりとっても仲よく暮らしています。

第6章

こんにちは、柴犬の赤ちゃん

第6章 うちの子にかわいい赤ちゃんを生ませたい

牝犬の生理的な周期をよく理解しておきます。

愛犬の発情周期をよく把握しておくことが何より大切。

交配は精神的にも成熟してから

愛犬が牝なら、飼い主として発情周期をよく把握しておくことが大切です。

柴犬の場合、生後6か月から遅くても10か月までに初めての発情を迎えます。その後、約半年に1回のペースで発情はくり返されますが、妊娠・出産・子育ては体に大きな負担がかかります。交配を希望する場合は、犬が心身ともに成熟する2回目の発情以降からということになります。それから5～6歳くらいまでが、母体に無理のない出産適齢期です。

発情期の3つのステージ

牝は、年2回の発情期にしか牡との交配を受け入れません。発情期は3つのステージに分けられます。

◆発情前期(平均約8日間)

牡を受け入れるようになるまでの準備段階です。外陰部が充血してふくらみ、子宮内膜からの出血があります。次に起こる発情期の直前には、外陰部の大きさも出血量もピークに達します。

出産にかかる費用

	内容	料金	備考
交配	交配料金（1回）	5～20万円くらい	プロのブリーダーに頼む
	知人の犬との交配（謝礼金）	1万円くらい、あるいは生まれた犬の1頭を渡す	
妊娠	動物病院診察料金（1回目）	5000円くらい	
	動物病院診察料金（2回目）	5000円くらい	超音波検査、食欲、体力、乳腺の変化など
出産	動物病院での出産	5万円くらい	アフターケアも万全
出産後	畜犬登録料	3000円	生後90日をすぎたら登録
	予防接種（1回目）	1万円程度	生後55～60日
	予防接種（2回目）	1万円程度	生後90日後
	狂犬病の予防接種	2750円	生後90日をすぎたら接種

動物病院によって値段は多少異なります

交配させようと思ったら…

繁殖はのちの世代にまで長く影響をおよぼす行為です。牝も牡も遺伝性の病気を持たず、性格がよく、欠点の少ない犬であることが絶対条件です。

牝の飼い主が、パートナーとなる牡を探すのが通常です。その逆は、よほどのショー受賞歴などがない限り難しいでしょう。交配させたい牝の柴犬としての長所・短所をよく把握して、長所は伸ばし、短所を補えるような牡をじっくり探してください。血統書（飼い主名義）の確認や、その血統書の発行団体を確認することも大切です。

◆発情期（平均約10日間）

牡を受け入れる態勢が整い、排卵が起こる時期です。交配を考えていない場合は、牡と接触させないように細心の注意を払ってください。卵子は発情期に入って3日後に排卵されますが、まだ未熟な状態です。それから2・5日後に卵子は成熟期を迎え、48時間その状態が続きます。この2日間がいちばん受精率が高くなります。出血は色・量ともにほとんどなくなり、固く大きくなっていた外陰部も柔らかく小さくなってきます。

◆発情後期（平均約5日間）

外陰部の変化がなくなり、発情が終了します。個体によっては、発情期の長いものや発情期にいつから入ったのか不明瞭なものもいます。その場合、獣医師にスメア（膣垢）検査を依頼すると排卵日を推定することができます。

交配後の検査について

犬の妊娠期間は約63日間ですが、初期にはなかなか妊娠が確認できません。交配後25～30日たつと胎子の大きさが1～1・5㎝になるので、この時期に獣医師による触診や超音波で診断してもらいます。

43日をすぎると頭部の骨格がしっかりしてきます。レントゲン検査を受けて、胎子が何頭いるのか把握しておくと、余裕を持って出産の手助けができます。

かわいい子犬を生ませるためにも健康状態には十分な配慮を。

母犬の心身に負担がかからないように気配りします。

妊娠中の牝犬はデリケート

妊娠中は特に飼育環境や食事に気を配るようにしよう。

環境、食事、運動、手入れについて

母犬もおなかの中の子犬も、ともにすこやかにすごせるよう、約63日間の妊娠期間中には気を配っておく必要があります。環境、食事、運動、手入れの面で留意すべき点をあげてみましょう。

◆妊娠犬の環境

屋外飼育の場合、人の出入りの激しい玄関先などに犬小屋を置いている家庭が多いようです。このような外部からの刺激の多い環境は妊娠犬にとっては、あまり好ましくありません。安静にすごせる場所に犬小屋を移動します。

また室内飼育の場合では階段に注意してください。階段の入り口に柵を設けて1階だけですごせるようにします。

◆妊娠犬の食事

妊娠初期は、胎子もごく小さいので、平常と変わらない食生活でかまいません。この時期から栄養過多にすると、母犬は肥満から体質低下や分娩時の陣痛微弱を引き起こしやすくなり、難産の原因となります。

交配後35日以降、胎子が急激に大きくなり始めます。母犬にも十分な栄養をつけさせる必要があるため高カロリーで良質たんぱくをふくむ食事に切り換えます。妊娠犬用ドッグフードを用いるとよいでしょう。普段のフードを使用する場合は赤身の肉やゆで卵、豆腐、緑黄野菜、

柴犬の親子はとても微笑ましくかわいらしいもの。

カルシウム剤などを加えます。これを1日数回に分けて与えるようにしてください。

◆妊娠犬の運動

受精した卵子が子宮に着床するまで、約20日かかります。この20日間は、最も流産しやすい時期です。過度に神経質になる必要はありませんが、運動は慎重にさせたほうがよいでしょう。特に自転車による引き運動で長時間走らせるような激しい運動は避けてください。犬の胎盤は、羊膜に包まれた胎子を帯のように取り巻いており（帯状胎盤）、流産しにくい構造になっています。卵子着床後は適度な運動をさせて筋肉の維持をはかり、難産を予防します。

◆妊娠犬の手入れ

柴犬はもともとひんぱんにシャンプーする必要がない犬種ですので、入浴は交配直前にすませておきます。あとは毎日のブラッシングと蒸しタオルで体を拭くくらいの手入れでよいでしょう。

分娩の準備に取りかかる

出産予定日の10日ほど前には産箱を準備し、人けの少ない静かな場所に置いて母犬に慣れさせます。子犬が越えない高さ、子犬数匹と母犬が寝そべっても十分なスペースを考えて木枠を作り、床にはビニールシート、新聞紙、カーペットを重ねます。四方の内側に棒を張りめぐらせておくと母犬が子犬を押しつぶす事故を避けられます。

脱脂綿

体温計

タオル

ガーゼ

ティッシュペーパー

哺乳びん

はかり

木綿糸

鋏

消毒用アルコール

犬用ミルク

冬場はヒーター

洗面器

ゴミ袋

第6章 陣痛から子犬の誕生まで

不安がる愛犬を優しく励まして出産を見守りましょう。

体温37℃が出産間近のサイン

出産予定日の1週間前から、1日3回体温をはかってください。犬の体温は平素38℃強くらいですが、出産が近づいてくると37℃まで下がります。そうなると24時間以内に分娩が始まります。

分娩が近づくと腹部が収縮して陣痛が起こります。呼吸が荒くなり、落ち着きをなくした不安そうな様子を見せ、外陰部からは粘液が流れ始めます。

陣痛が最高潮に達し、外陰部から袋のようなもの（胎子を包む胎膜）が見えてきたら、いよいよ出産です。

破水、そして第1子の誕生

母犬が強くいきむと破水が起こり、第1子が誕生します。母犬は生み落とすとすぐに子犬を覆う羊膜を破り、子犬をしきりになめて濡れた体を乾かそうとします。そしてへその緒を噛み切ってしばらくすると胎盤が出てきます。これを食べる母犬もいますが、問題はありません。

母犬になめられて体温が上昇し呼吸を促された子犬は、産声をあげて乳を飲み始めます。

胎盤の数を忘れずにチェック

この第1子の母乳を飲む刺激が陣痛を促し、平均20分から1時間で第2子が生まれます。柴犬は1度の出産で平均3～4頭生みますが、第3子、第4子も同様にして生まれてきます。

獣医師に診てもらう場合

①濡れた外陰部にグリーンのおりものが混じっているとき。これは胎盤が子宮からはずれてしまった証拠。胎子に酸素や栄養が送られなくなるので死産の可能性あり。
②体温が37℃に下がってから24時間たっても生む様子がないとき。
③強い陣痛が１時間以上続いているのに、なかなか分娩しないとき。
④逆に、陣痛が弱くて出産できないとき。
⑤１～２匹産んだあと、陣痛が止まってしまったとき。

生まれたばかりの子犬は目も見えず、耳も聞こえない。ほとんど一日中スヤスヤと眠り続ける。

出産を見守る飼い主は、胎盤の数と子犬の数が一致するかどうかよく数えておいてください。胎盤が子宮の中に残っていると感染症を起こすので、動物病院で取り除いてもらわなければなりません。

正常な出産ではない場合…

正常な出産の様子はだいたいおわかりいただけたかと思います。柴犬はほとんどが安産ですが、獣医師の手助けが必要になる場合もあります。的確に判断して獣医師に連絡し、指示を仰いでください。

また生み落としたままで子犬の処置をしない母犬もまれにいます。そのときは飼い主の出番。あらかじめ処置の要領を頭に入れて心の準備をしておきましょう。

母犬が子犬に関心を示さないとき飼い主は

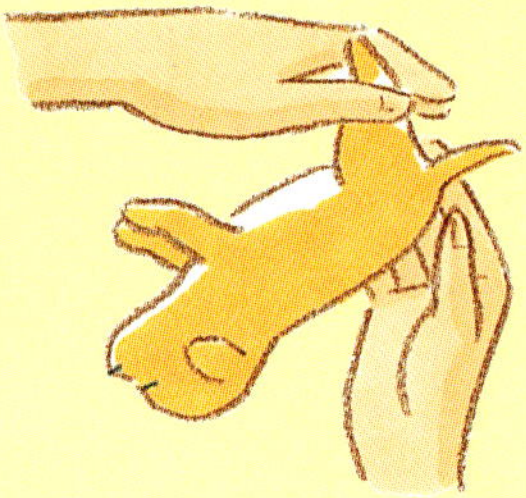
1 羊膜を破って子犬を逆さの状態で取り出し、背中をさすり羊水を吐かせる。

2 清潔なガーゼで子犬の鼻孔や口の中を手早く拭き呼吸できるようにする。

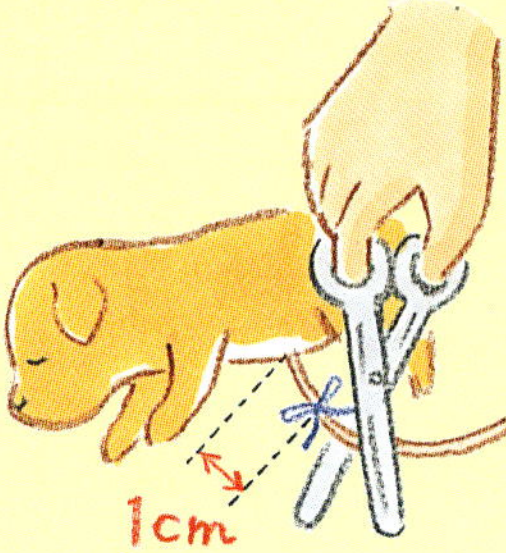

3 へその緒の根元から1㎝程度のところを木綿糸で縛り、その先を鋏で切る。

寄り添って眠っている赤ちゃんたちについかまいたくなるけど、母犬にまかせて。

赤ちゃんは母犬にまかせて優しく見守って

ほとんどの犬は初産でも完璧な母親ぶりを発揮します。

出産後しばらくは静かにそっとしておく

ほとんどの母犬は、生まれてきた子犬に乳を飲ませ、まだ排泄が自分の意思でできない子犬のために肛門・泌尿器をなめて排便排尿を促すという世話を本能的に行います。

授乳期間中の母犬は、子犬を守ろうとするあまり神経質になっています。大勢でガヤガヤのぞき込むようなことは最も慎まなければなりません。飼い主の家族は母犬が母性本能を発揮する様子を、静かに優しく見守ってください。

ただ、要所要所では飼い主が目を配り、手を貸す必要があります。どの子犬もしっかり母乳を飲めているかどうか特に観察しておかなければなりません。

子犬の人工哺乳

哺乳器でミルクを与える

母犬が子育てを放棄した場合や十分に母乳が出ない場合、最初のうちは2～3時間おきに、犬用ミルク（ペットショップなどで取り扱い）を飲ませる。

哺乳が終わったら排泄を促す

口の周りをきれいに拭いてあげたあと、温水で湿らせた脱脂綿で軽く肛門や泌尿器を刺激する。こうすることで排便排尿が促される。

初乳は全員に飲ませて

出産から24時間以内に分泌された母乳（初乳）には子犬を病気から守る免疫抗体がふくまれ、その効果は約2か月持続します。必ず全員に飲ませましょう。

子犬は正常に育てば、生後1週間から

10日で体重が生まれたときの2倍になります。これを目安とし、発育不良の子犬には飼い主が犬用ミルクを補給する必要があります。弱い子犬はとかく乳の出にくい乳頭に追いやられがち。体重の増加が遅い子犬には、後ろ足に近いよく乳の出る乳頭をあてがってあげましょう。

どの子もきちんと母乳を飲めているか観察することを忘れずに！

生後4週齢から8週齢

生後4週齢で、子犬たちの五感は発達し、兄弟犬や母犬との遊びを通していろいろなことを学んでいきます。犬としての社会性を身につける大切な時期ですので、いつも犬同士一緒に生活させます。

　また人間との温かい触れ合いも、人間好きな飼いやすい犬にするためには欠かせません。この時期から子犬を人に見せ始めるのが適当です。

母犬の世話

　子犬に飲ませる母乳を作るために、母体は相当なエネルギーを必要とします。出産後も引き続き栄養価が高い、妊娠中と同じ食事を十分に与えてください。そして離乳食が始まる産後30日くらいから少しずつもとの食事に戻していきます。

　また母犬が乳腺炎にかからないように、注意します。乳腺炎になると乳房が腫れて熱を持ち、疼痛がするので子育てをいやがります。母犬には薬が投与され、母乳に影響が出るため人工哺乳をすることになります。子犬の爪を切り、乳房はいつも清潔にしてあげておくことで、細菌性の乳腺炎をかなり防ぐことができます。

　食事は母乳だけでは足りず、離乳食を与え始めます。水でふやかした幼犬用ドッグフードを用いるとよいでしょう。この頃には自分で排便排尿ができるようになっています。便の様子を見ながら、離乳食の量を加減してください。

　子犬の駆虫は4週齢、8週齢、12週齢で行います。ワクチンは初乳の抗体が消える6～8週齢から始めることになります。新しい飼い主に渡せるようになる8週齢までに、しっかりと健康管理を。

生後４週間たつまでは、いくらかわいくても静かにそっと見守ってあげよう。

column5

不妊・去勢手術について考えてみましょう

なぜ自然にまかせていてはいけないの?

ほんの赤ん坊だった子犬も、生後6～10か月で性成熟し、体はあっという間に大人の仲間入りをします。それ以降牝は約6か月おきに出血を伴う発情期を迎え、牡はそのにおいに誘われる形で発情します。

不妊・去勢手術というのは、この自然な発情を断ち切るための手術です。なぜ飼い主としてこれを考えてみるとよいでしょうか? 理由はいくつかあります。

◆望まれない子犬を作らない

ハプニングで生まれてくる子犬の里親を何軒も探すのは容易なことではありません。不幸な犬を作らないためにも、犬の妊娠は計画的なものであるべきです。

◆発情中の犬のストレス

多くの牝は発情中に神経質になり、また想像妊娠も起こしがちです。一方、牡は牝を求めて落ち着かない精神状態になります。むだ吠えをしたりところかまわずマーキング（54ページ参照）したり、何度も脱走を試みたりします。このような発情の状態は、人間にとって不都合なだけでなく、犬にとっても決して幸せな状態ではありません。交尾をして子孫を増やそうという本能は、飼い主にきちんと管理されている犬の場合、ほとんど満たされず、大きなストレスとなります。

行動面、健康面から見る手術のメリット・デメリット

手術をすることによって、発情のストレスから解放されるので、犬は精神的に落ち着き、さまざまな問題行動も緩和されます。

医学的にも、ホルモン性の病気を予防するという大きなメリットがあります。牡は精巣《せいそう》の腫瘍《しゅよう》や前立腺疾患《ぜんりつせんしっかん》を、牝は子宮癌、卵巣癌を防げます。また乳腺腫瘍の発生率も低くなります。

一方、手術後は肥満しやすくなる傾向があります。飼い主は食事量と運動量のバランスに十分気を配ることが大切です。

不妊・去勢手術のメリットはストレスを取り除き愛犬の心を安定させてくれる。

第7章 ずっと元気でいてほしい

第7章

ホームドクターは愛犬が健康なときから決めておきたい。

口コミで評判のよい獣医さんを選ぼう

子犬のうちから主治医を決めておく

愛犬が病気になってからあわてて病院を探すのでは遅すぎます。手遅れになることだってないとはいえません。飼い始めたらなるべく早いうちにホームドクターを探しておきましょう。

探し方はいろいろありますが、いちばんよいのはご近所で犬を飼っている人たちからの情報を集めて判断することです。それでも見つからなければ保健所や獣医師会に問い合わせてみるのもよいでしょう。

ここと決めたらまず健康診断にあなたの柴犬を連れて行ってみて、院内の様子や獣医さんがどのような対応をしてくれるかをよく観察してみてください。

一度決めたらあまり病院を変えないことも大切です。長いおつき合いの中で愛犬の体質や以前にかかった病気のことなどをよく知っておいてもらったほうが、いざというときに思わぬ誤診を防ぐのにも役立つからです。

獣医師に対する飼い主の気持ちは犬も感じ取るものです。愛犬が安心して自分の体をまかせられるような信頼関係をお医者さんとの間に築いておいてください。

健康なときに前もって主治医を決めておこう。

成犬の定期検診は年に1度忘れずに

定期検診は、成犬になったら1年に1度忘れないようにしてください。伝染病予防注射の追加接種のときにするとよいでしょう。子犬のときにフィラリアに感染しているとそれが成犬になって現れてくるので、年1回の血液検査も必要です。7歳をすぎたらさらに精密な検査を年1回、13歳をすぎたら年2回。愛犬を健康に長生きさせるための飼い主の務めです。

5 よい動物病院つのポイント

1つ 遠くの大病院より近所で

遠すぎては腰が重くなりがちだし急場に間に合わない。犬だってぐあいの悪い体で遠距離はつらい。

2つ 評判のよい獣医さん

ご近所の犬の飼い主さんたちから情報を集め、確かな口コミでよいお医者さんを探し出そう。

3つ 診察室が清潔

その病院へ行ったらまず診察室が清潔かをチェック。病院へ行って病気に感染しては元も子もない。

4つ 詳しく説明してくれる

診断の結果その症状や治療法を飼い主に詳しく説明するのは医師の義務。それを怠る医師は考えもの。

5つ 料金の明細がわかりやすい

検査や治療にかかる費用の内訳がはっきりしていれば、飼い主も過剰診療を心配する必要がない。

よい病院を選ぶために心がけたいこと

大学病院や名医がいると評判の病院をいくら遠かろうと選ぶ飼い主もいるようですが、これでは急場に間に合いませんし、遠すぎるため腰が重くなって愛犬のちょっとした体調の異常などはついつい見すごしてしまい、それが重大な病気に発展することもあり得ます。ホームドクターは近くの病院から選びましょう。

健康診断にしろ治療にしろ、めざす病院へ初めて行ったときは、まず診察室が清潔であるかどうかに注意してください。

病気やけがの治療の場合は、犬の症状や治療内容を飼い主が納得行くまで詳しく説明してくれるのがよい医師です。

犬という動物の体や病気に関して飼い主がある程度の知識を持っていることも大切でしょう。病院へ着くまでの愛犬の状態について飼い主が細かく説明できれば、それが医師の診断にも役に立つからです。

保険制度がない犬の病気の治療費や検査料には、病院によっていくらかの違いがあるものです。気になる場合はあらかじめご近所の犬の飼い主さんなどから聞いておくとよいでしょう。病院へ直接電話をかけて基本的な料金を確かめておくのも賢い飼い主のやり方です。

愛犬がいつまでも元気でいられるように、きちんと健康管理をしてあげるのは飼い主の務め。

第7章

いつもと様子が違うと思ったら…

健康なときの愛犬の様子をよく把握しておきましょう。

病気のサインを見逃さない

嘔吐

犬は健康なときでも食べすぎたり異物を飲み込んだときなどによく吐く。そのあと食欲が普通なら心配はいらないが、何度も嘔吐が続く場合は消化器系、肝臓、腎臓などの病気が考えられる。

咳が続く

犬ジステンパーやケンネルコフといった感染症のほか、夜から早朝にかけて出る咳はフィラリア症や心臓病の疑いもあり、いずれも油断はできない。

多飲多尿

水を多量に飲み、多量の尿を排泄する。膀胱炎や腎臓病、糖尿病、子宮蓄膿症のサイン。夏にこの症状が出ても暑いからだと見逃されがちなので注意が必要だ。

元気がなければ体の各部をよくチェック

犬は本来活発に動いているのが大好きな動物です。休んでいるときでも何かがあればすぐ行動に移れるように気を配っているものです。その犬が、呼んでもすぐにこなかったり、尾の振り方や吠え方に力がなかったり、散歩に出るのや一緒に遊ぶのをいやがるようなら、体のどこかに異常が起きていると考えてよいでしょう。まず体温をはかり、体の各部をよくチェックしてみてください。

白っぽい目ヤニはよく出しますが、黄色っぽかったり粘液性のものだったりしたら要注意。鼻水が垂れるほどに出ていたり、黄色や血の混じったものが出ていたりするのも病気が疑われます。

健康診断のポイント

肛門
地面や床にお尻をこすりつけたり、しきりになめたりしてはいないか。

皮膚
毛が異常に抜け落ちていないか。悪臭があったりフケが出すぎてはいないか。かゆがってかいたりなめたりしてはいないか。

四肢
歩くときに足を引きずったり、ヒョコヒョコとアンバランスな跛行《はこう》をしたりしていないか。

耳
後ろ足でひんぱんに耳をかいたり、かゆいほうの耳を地面や床にこすりつけたりしてはいないか。耳孔に悪臭やべたつきはないか。

目
黄色っぽい目ヤニや粘液性の目ヤニが出ていないか。白っぽいものは目に入った埃などの刺激で出るので心配はない。

鼻
湿り気をなくしカサカサに乾いてはいないか。ただし子犬の鼻や、成犬でも睡眠中や寝起きのときには乾いていることがある。

口
魚の腐ったような生臭い不快なにおいがしていないか。口中粘膜はきれいなピンク色をしているか。

犬の鼻は睡眠中や寝起きを除き湿っているもの。乾いていたら熱のある証拠です。口に強い悪臭があるのも注意が必要でしょう。

健康な犬の尿は透明で少し黄色をおび、子犬は無色です。濃すぎたり白濁していたら気をつけて。便も水様便、粘血便、黒っぽいタール便は危険のサインです。

動きの異常も見逃さないで

後ろ足でしきりに耳をかくのは外耳炎など。毛が抜けるほどに体をひっかくのは疥癬虫の寄生や湿疹。足を引きずって歩くのは関節部の異常。お尻を地面にこすりつけるのは腸内寄生虫や肛門周囲炎などでお尻がかゆいからです。

そのほか、苦しそうな咳がいつまでも続いたり、1日に何度も吐いたり、それに血が混ざっていたり下痢に伴っていたりするようなら病気を考え、すぐに病院へ急ぎましょう。

第7章

万が一に備えて犬用救急箱を用意しよう

かかりつけの医師と相談のうえ必要最小限のものを。

医師と相談のうえ必要なものだけを

普段の健康管理のほか、軽いけがなどにすぐに対応できるよう、愛犬専用の救急箱を用意しておきましょう。

たいていは人間用のものを買えばよいのですが、体温計は犬用のものを。爪切りも犬用のもののほうが便利です。

消毒薬なども人間が使うものと同じでかまいませんが、犬がいやがる刺激性のものもあるので、かかりつけの獣医師と相談のうえで揃えてください。

目薬は薬局で購入するよりも、愛犬の体質に合わせて獣医師に処方してもらうほうが安心です。

その他の救急用品類も医師によく聞き必要最小限のものを揃えておきましょう。

用意しておきたい救急用品

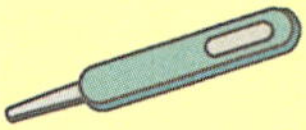

犬用体温計
犬専用のものを用意する。

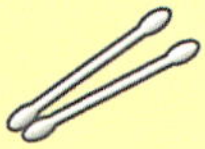

綿棒
耳や目のほかいろんなところの手当てや手入れに。

脱脂綿

ガーゼ
けがの手当てのほか、飼い主が指に巻いて犬の歯磨きに使うこともできる。

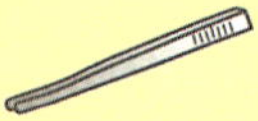

ピンセット

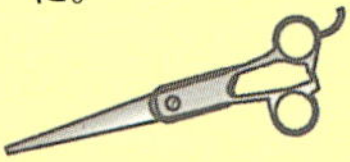

鋏
皮膚を傷つけないように先端の丸いものが安全。

スポイト
水薬を飲ませるときなどに。

毛抜き

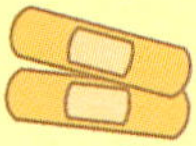

絆創膏
1㎝幅から3㎝幅のものまで用意しておくと便利。

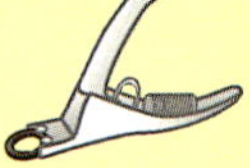

爪切り
犬用のものが使いやすい。

消毒用アルコール
体温計やピンセットなどの消毒のほか、傷口の周りの消毒にも。

弱刺激性ヨード剤
刺激が少ないので犬にも受け入れられやすい。傷口の消毒のほか皮膚病にも使えて用途は広い。

ほう酸軟膏
綿棒につけて耳掃除用に。耳掃除専用のローションも市販されている。

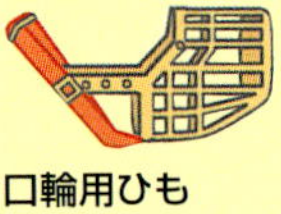

口輪用ひも
救急のとき傷ついた犬が噛みついたりしないように保定するためのひも。

目薬
市販のものを買うのではなく、犬の体質に合わせて獣医師に処方してもらう。

包帯

脈は後ろ足のつけ根を押さえてはかる

後ろ足のつけ根の股動脈を軽く指で押さえ1分間はかる。

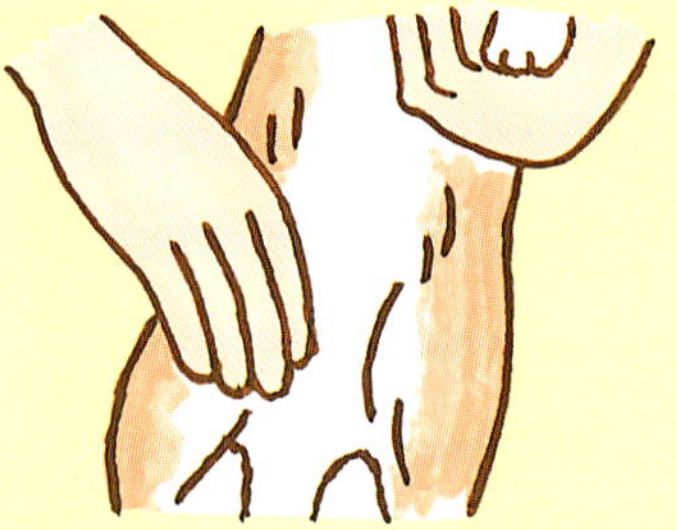

体温は肛門ではかる

オリーブ油や石鹸水で滑りをよくした体温計をゆっくりと肛門に3cmほど挿入し3分間ほどはかる。

呼吸数をはかるには

犬を落ち着いた状態にさせて心臓のところに掌《てのひら》を当て、1分間はかる。

体重は抱いてはかる

小児用はかりに犬を乗せるか、または人が抱いて乗り、はかったあと人の体重を引く。

薬の飲ませ方

食事に混ぜ込んで与えるとか、チーズなどの好物に埋め込んで投げ与え口で受け止めさせて一気に飲み込ますという方法もありますが左のようなやり方も。粉薬はカプセルに詰めるか、水薬のように水で溶いてスポイトで口の脇から注ぎ込みます。

1
親指と人さし指を犬の左右の犬歯の後ろ側にさし込み、口をあけさせる。

2
錠剤を舌のできるだけ奥のほうに置き口を閉じさせる。

3
のどを上から下へさすってやると犬はゴクンと飲み込んでしまう。

第7章

丈夫な柴犬だけど特に気をつけたい病気

治療よりも予防をまず心がけましょう。

かかりやすい病気

	膝蓋骨脱臼	アレルギー性皮膚炎
症状	先天的に膝蓋骨がおさまる溝が浅かったり、膝のお皿を支える腱膜《けんまく》がゆるかったりして、強い負担がかかると脱臼してしまいます。慢性化すると簡単にはずれたり入ったりし、はずれたまま固定化されることも。	アレルギーの原因となるものは化学物質や食べ物などいろいろありますが、ノミに噛まれて発症することが多く、腰背部から全身に発疹が広がり、かゆくて噛んだりひっかいたりするため毛が抜けてしまいます。
予防策	後天的なものもあり、打撲や落下が原因となるので注意しましょう。肥満も膝蓋骨に負担をかけるので、太らせないようにすることも大事です。	ノミを体につけさせないようにすること。住環境を清潔にし、ノミ取り櫛を使って普段からこまめにノミの駆除を心がけてください。ノミが見当たらなくても黒い顆粒状《かりゅうじょう》の糞が毛の根元についていればいる証拠です。

どの犬にも恐ろしい伝染病

狂犬病	この病気の犬に噛まれると唾液中のウイルスが傷口から侵入。中枢神経に作用して全身の感覚を麻痺させ、噛みつき、よだれを垂らし、100%死亡。人間をふくめすべての哺乳類に感染します。
犬レプトスピラ症	この病気の犬やネズミ、人などの尿にふくまれるスピロヘータに汚染されたものに口や傷口が触れると移り、嘔吐や下痢の続いたあと腎不全から尿毒症を起こして死亡します。

増加している現代病

人間と同じく犬にも現代病が増えてきています。癌、心臓病、糖尿病、アトピー性皮膚炎などのほか、痴呆症で飼い主を悩ませる犬も出てきているようです。環境が整備され、医療技術が進歩し、食事の栄養バランスもよくなって、昔に比べずっと長生きできるようになったことが大きな原因ですが、心臓病や糖尿病は肥満によっても起こります。くれぐれも太りすぎさせないように。慢性腎不全、歯周病、白内障、甲状腺機能異常なども目立ってきているので注意しましょう。

内部寄生虫

ノミ、ダニ、などの外部寄生虫ではなく犬の体の中に寄生する虫が起こす病気には回虫症、鉤虫《こうちゅう》症、鞭虫《べんちゅう》症、条虫《じょうちゅう》症、コクシジウム症などがあり、いくら食事をとっても栄養にならず体力が衰えます。

定期的な検便を怠らないこと。住環境や犬の体をいつも清潔に保つこと。散歩のときにはほかの犬の糞に近寄らせないように。食欲が減る、よく食べるのに太らないといったときは要注意です。

犬パルボウイルス感染症

この病気の犬の尿、便、唾液、嘔吐物などから病原体のパルボウイルスが経口感染。腸炎型は激しい下痢、嘔吐、脱水症状、心筋炎型では呼吸困難などを起こし、いずれも死亡率が高くなります。

犬伝染性肝炎

この病気の犬の鼻汁、唾液、便、尿に触れたりなめることで病原体のアデノウイルス1型がその犬に移り、発熱、下痢、嘔吐、腹痛などを起こし、子犬に多い劇症型では死亡します。

犬ジステンパー

この病気の犬の尿、便、鼻汁、唾液などにふくまれるウイルスに触れることで他の犬に感染。発熱、呼吸困難、脱水症状などが続き、進むとけいれんなどの神経症状が出て死亡します。

フィラリア症

蚊の体内で成長した子虫が、蚊が犬を刺したときその体内に入り、成虫となって心臓や肺動脈に寄生。犬は血流が悪くなり、ほとんどの内臓を侵されます。この病気はワクチン接種ではなく投薬によって予防します。

伝染性喉頭気管炎

この病気の犬の唾液、便、尿などに触れることで口から病原体のアデノウイルス2型に感染し、肺炎、扁桃腺炎などの呼吸障害を起こします。成犬の致死率は低めですが子犬は高くなります。

犬パラインフルエンザ

この病気の犬の咳やくしゃみにふくまれるウイルスが他の犬に移り、子犬は食欲不振から死亡することも。ケンネルコフとも呼ばれますが、その場合はアデノウイルス2型などの感染症もふくまれます。

column6

脱走、迷子になってしまったら

かわいいうちの子どこ行った？

愛犬がいなくなってしまったら、まず冷静になって飼い主としてやるべきことを考えよう。

うちの子が行方不明どうしたらいいの？

ちょっとしたはずみで、愛犬が脱走したり迷子になったりすることがあります。聴覚が人間の約4倍も鋭いために「突然の雷や花火、乗り物の轟音《ごうおん》などの大きな音を聞いてパニックになってしまった」とか「目の前を横切った小動物などを追いかけて行ってしまった」「運動不足の欲求不満から脱走」「発情期の牝のにおいに誘われて」など、いろいろなケースがあります。飼い主としてはなるべくこれらの状況を作らないように努力することですが、それでも行方不明になってしまった場合は、早急に次のような手段を取ってください。

●保健所、動物管理事務所に連絡する

鑑札や迷子札がついている場合は、飼い主に連絡が入るはずですが、さまよい歩いている途中ではずれている可能性もあります。連絡先のわからない犬は飼い主からのコンタクトがない限り、数日で殺処分《さつしょぶん》ということになってしまいます。いなくなった地域だけでなく、迷い歩いている可能性のある地区の保健所数か所に届け出ておきます。

●警察署、交番に連絡する

発見者が警察署や交番に連れてくることも多いものです。連絡して相談に乗ってもらいます。

●ほうぼうの動物病院に問い合わせる

発見者が獣医師に飼い主の心あたりを問い合わせにきている可能性は大です。

●ポスターを貼る

写真またはイラスト入りで愛犬の特徴、連絡先を書いたポスターを作ります。1日におよそ1kmは移動することを考えて、いなくなった場所から（半径1km×行方不明の日数）の範囲でポスターを貼っていきます。

●インターネットの掲示板

「迷い犬」を扱うホームページで情報を流してもらいます。愛犬家たちの結束は、ネット上でもたいへん固いので精神的な支えにもなります。

●ペット探偵

ペット捜索の専門家もいます。プロの手助けが必要な人に。費用は3日間で約7〜10万円。

第8章

もっと柴犬のことが知りたい

第8章

柴犬のルーツ

昭和11年に国の天然記念物に。

柴犬の先祖は縄文時代の犬

柴犬のルーツをさぐって行くと、縄文時代にまでさかのぼります。縄文遺跡からはちょうど柴犬くらいの大きさの小型犬の骨が発掘されており、この犬が柴犬をはじめとする日本犬の先祖と考えられます。

弥生時代の銅鐸《どうたく》には、獲物を追い詰めて狩りの手助けをする古代日本犬の姿がいきいきと描かれていますが、当時から立ち耳、巻き尾または差し尾であったことがわかります。また、古墳時代に作られた埴輪《はにわ》の犬には、さらにその特徴がはっきりと表現されています。首に鈴のようなものまでつけており、猟犬、番犬として古代日本人の生活の大切なパートナーになっていたことは間違いありません。

雑種化の波を乗り越えて……

長く鎖国政策を取っていた日本では、古代から続く日本犬の純血が守られてきました。しかし明治時代に入って鎖国が解かれると、外国の文物とともにたくさんの洋犬が国内に入ってくるようになりました。

当時の犬はたいていが放し飼いです。日本犬と洋犬の雑種化はまたたく間に広がり、大正末期には立ち耳・巻き尾の姿をした純粋な日本犬がほとんど見られなくなってしまいました。

この状況に危機感を覚えた日本犬を愛する有志らが、昭和3年に「日本犬保存会」を設立。当時、人里離れた山間部にかろうじて残っていた日本犬純血種6犬種の保護、保存に努力しました。文部省も日本犬を貴重な文化財として保護することを奨励。昭和11年には柴犬も天然記念物に指定されました。

柴犬の中でも特別な犬だけでなく、柴犬全体が天然記念物に指定されている。

しかしその後太平洋戦争の時代に、再び日本犬に危機が訪れます。犬を飼うこと自体が贅沢とされて、防寒用の毛皮にするということで接収され、数が激減してしまいました。

戦後の柴犬人気再び

そんな逆境の中でも、「日本犬の血を絶やすまい」と、日本犬愛好団体が相次いで結成され、日本犬は絶滅することなく保存、普及されて行きました。

戦後は再び一般家庭での犬の飼育が復活し、中でも柴犬は、小型で特に飼いやすい日本犬として人気が高まって行きました。

現在でも、毎年主な犬種団体への登録が合計4万頭を超し、根強い柴犬ファンが大勢いるのは、ご存じの通りです。

海外でも、「シバ・イヌ」と呼ばれて知名度が高く、その素朴な風貌と純情な性格が広く愛されています。

柴犬には2種類の流れがある

愛犬雑誌にのっている投稿写真などを見ていると、ひと口に同じ柴犬といってもずいぶん顔の系統が違うものがあることに気がつきます。俗に、他の動物に例えて「タヌキ系」と「キツネ系」と表現されることもありますが、風貌から大別して、この2種類の系統の柴犬がいます。

いちばんの違いは顔貌に表れています。

●横から見た場合、額から鼻先にかけてのラインに段差（ストップ）がはっきりあるものと、ほとんどないもの。

●正面から見た場合、比較的頬が張っているものと、細面で面長なもの。

また体つきの面でも、首が太くてがっしりした印象のものと、全体にすらりと引き締まった感じのものとに分けられます。

縄文遺跡から出土した犬の頭骨には、「ストップがほとんどなく、歯牙が大きい」という特徴がありました。上の比較における後者の系統、つまり、「すらりとした体つきをしたストップがほとんどない面長な柴犬」は、この縄文時代に生活していた犬を理想として作出されている犬です。

現在、この野性味あふれる、太古の犬の姿を彷彿とさせる柴犬を保存するという方針で、研究・繁殖活動を行っているのが、柴犬保存会と柴犬研究会です。

社団法人 ジャパンケネルクラブ

50年の歴史を持つ日本最大の畜犬団体

世界にも通用する血統証明書

犬の血統書の発行や登録をしている団体として知られている社団法人ジャパンケネルクラブは、動物愛護の精神を高揚することを目的として1949年に設立されました。

50年の歴史を持つ愛犬家の団体であるのと同時に、日本政府から認可されている唯一の全犬種クラブの公益法人でもあります。

また、諸外国の畜犬団体との交流を深め、世界にも通じる「国際公認血統証明書」も発行しています。全国各地域で結成されたクラブ（会員40名以上）の正会員で構成され、67の都道府県連合会および14のブロック協議会を組織してさまざまな活動を行っています。

血統書とはどんなもの？

人間の戸籍謄本に家系図をつけ足したようなもので、その犬が純血であり、どの犬種に属するかを証明するもので、その犬の両親および先祖の情報も系統図でわかります。

JKCの主な事業内容

①犬籍の登録と血統書の発行。
②会報誌「家庭犬」を年に10回発行。
③各犬種の研究と調査。
④年に350回以上のドッグショー（展覧会）を開催して、正しい飼育の指導奨励を行っています。
⑤訓練競技会、ハンドリング競技会、トリミング競技会、アジリティー競技会などを開催し、公衆衛生の向上、有能優良犬の

単一犬種で行われるもの、すべての犬種が参加できるものなど多くの種類がある。

障害物をルールに従い通過していくアジリティーは、人と犬との信頼関係がものをいう。

日本の風景にぴったりなのは、日本犬としての長い歴史があるから。

普及、飼育の指導奨励などをめざしています。

⑥犬の絵コンクール、写真コンテスト、ふれあいの俳句などを実施して、動物愛護精神の高揚と啓蒙、情操教育をはかっています。

⑦マニュアル本などの刊行。

⑧国内外の愛犬家との交流。

JKCが行っている行事や年350回以上開催されるドッグショーなどの催しに関する情報を紹介。

JKCの犬種登録数や事業内容などがカラー写真入りで見やすくまとめられている。

JKC会館への行き方がわかる地図と会館内各部の案内、犬の登録料金の明細表などがのっている。

●入会方法

入会申込書に住所・氏名を記入して、会費を添えて全国各地のクラブに手続きを依頼すると入会できます。全国各地のクラブの所在地は本部に問い合わせると教えてもらえます。

●詳しいお問い合わせ先

本部／東京都千代田区神田
須田町1丁目5番地
TEL：03-3251-1651〜6
登録､血統証明書などTEL:03-3251-1653
申請･登録料などTEL:03-3251-1655

柴犬の標準

注：日本犬保存会の標準を基本にしています

耳
三角形をした小さめで肉厚の耳が、やや前傾してしっかりと立っている。寄りすぎた耳、長すぎる耳、菱形の耳などはよくない。

頭部
額は広く、頬はよく張っている。額から口吻にかけてゆるやかな曲線を描くが、ストップは明瞭。ストップを中心として、後頭骨の上端と鼻端までの長さの比は3対2が好ましい。

背・腰
背中は真っすぐで力強く発達している。腰は広い幅を持ち、力強く真っすぐなラインで臀部へ移行。

目
三角形でやや目尻が上がっている。目色は濃茶褐色。目の大きさは顔貌との調和が大切。丸い目、小さすぎる目、細すぎる目、位置が離れすぎている目はよくない。

尾
太く力強い。差し尾（巻かずに背中に平行に伸びる）または巻き尾。ほぼ飛節に達する長さ。尾の被毛が開立し、太く丸みを持っていること。

口吻
鼻筋は真っすぐ。口吻は引き締まり、丸みのある厚さを持つ。鼻はよく濡れてつやがあり、黒であること。褪色した赤鼻はよくない。

胸
胸は深くあばらが適度に張っている。胸の深さは体高の45～50%、胸部の断面は卵形が理想的。前胸もよく発達している。

足
前足は肩甲骨が適度に傾斜し発達している。後ろ足は力強く踏ん張り、飛節が強靱。よく締まった指を持つ。

■原産地
日本

■グループ
小型（日保）、FCI（国際畜犬連盟）分類法によると第5グループ（スピッツ&プリミティブタイプ）

■体高
牡39・5cm、牝36・5cm（上下1・5cmまで）

■毛質と毛色
上毛は硬く真っすぐ。下毛は柔らかく密生。毛色は赤、胡麻、黒。

■外観
素朴な風貌。牡らしさ、牝らしさが、顔つき・体つきにはっきり表れている。バランスのよい体形。体高と体長の比は100対110で牝は体長が若干長い。骨格は緊密で堅硬、筋腱もよく発達している。

■性格
ものおじせず、気迫にあふれ、堂々としている。素直で純情。飼い主に従順。

■動作と歩様
軽快でキビキビしている。弾力に富む。

社団法人 日本犬保存会

昭和初期から一貫して日本犬の保存をめざす

日本犬保存会のあゆみ

日本犬保存会は昭和3年に設立された日本で最も歴史のある犬種団体です。外国犬種との雑種化が進んでいた日本犬を保護、保存する目的で設立されました。

人里離れた山間部にかろうじて残っていた純血種7犬種、秋田、紀州、柴、四国、北海道、甲斐、柴越の犬(今は絶滅)を保存。昭和7年から日本犬の登録を始め、昭和9年には日本犬のスタンダード「日本犬標準」を定めました。昭和12年に社団法人の認可を受け、現在まで一貫した方針で日本犬の保存、普及に尽力しています。

日本犬保存会の主な事業内容

①日本犬標準の決定。
②日本犬犬籍簿の整備、日本犬血統書の発行。
③毎年春秋に、本部と全国50か所の支部で展覧会を開催。アメリカと台湾の連携諸団体の展覧会にも審査員を派遣。
④会報誌「日本犬」を年10回発行し、会員に配付。
⑤日本犬の飼育・繁殖に関する指導や優良ブリーダーの紹介。

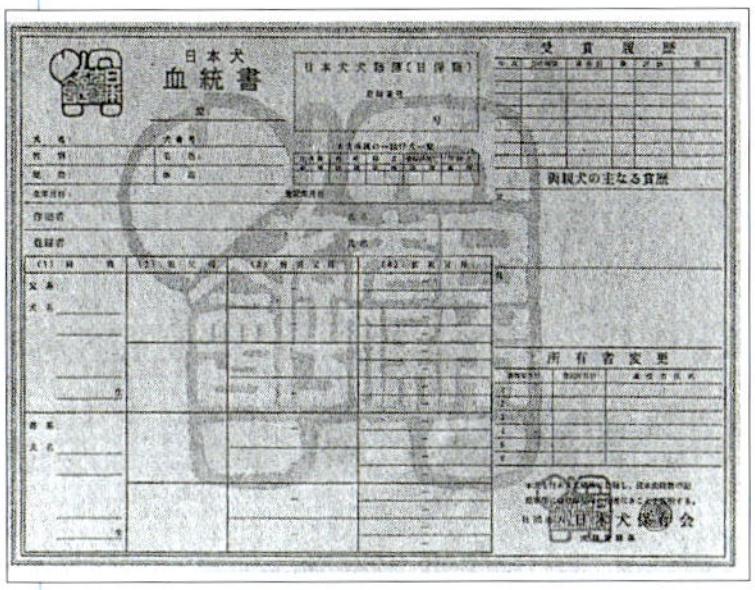

日本犬の戸籍のようなもの。

会員になると、会員章が送られる。また会員には日本犬に関する情報満載の会報誌が無料で配付される。

●日本犬保存会の会員になるには

日本犬を飼育している人だけでなく、日本犬を愛する人なら誰でも入会することができます。

入会金と会費を入会申込書に添えて申し込めば、手続きは完了です。

会員になると会報誌の無料配付が受けられ、日本犬に関するさまざまな知識・情報が得られます。また展覧会や各種催し物に参加できます。

●詳しいお問い合わせ先

本部/東京都千代田区神田駿河台2-11-1
駿河台サンライズビル1階
TEL:03-3291-6035(代表)

天然記念物柴犬保存会

縄文犬に近い柴犬の純化・固定化に努める

鳳凰の雅王号

縄文犬の系統を引く柴犬の再現

柴犬保存会は、絶滅寸前だった縄文犬の再現をめざし、昭和34年に設立されました。

柴犬保存会が保存・作出する柴犬には、額段の浅いすっきりした顔貌、大きな歯牙、引き締まった体構という大きな特徴があります。

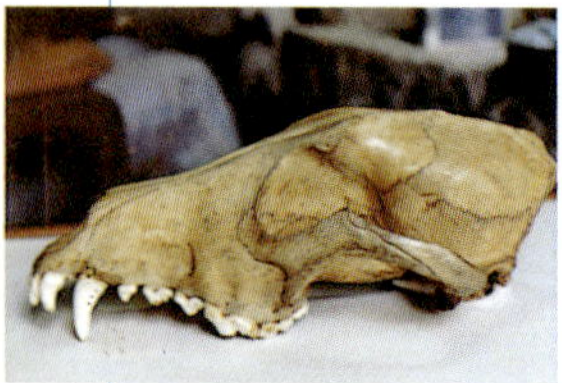

ニホンオオカミの頭骨

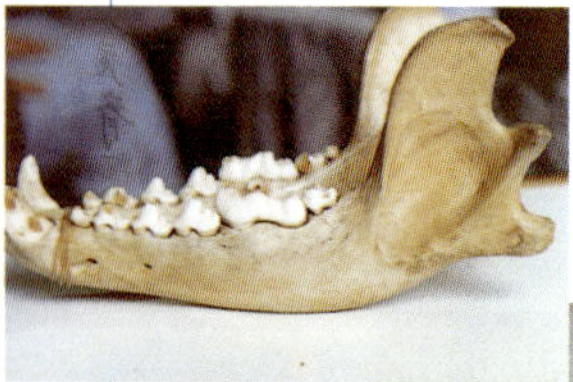

天然記念物柴犬保存会の柴犬の頭骨と非常に類似している。

強く鋭い眼光と野性味あふれる機敏な動きにも、原始の犬の姿が重なります。

柴犬保存会の主な事業内容

①柴犬標準の研究。
②犬籍簿の整備と血統書の発行。
③春2回（東京展、秋田展）、秋1回（東京展）展覧会を開催。
④東京、秋田以外の地域を主として鑑賞会を開催。
⑤会報誌「柴犬研究」を年に3回発行。会員に無料配付。
⑥柴犬の飼育・繁殖に関する指導。

紅太郎黒竜（ともやま犬舎）

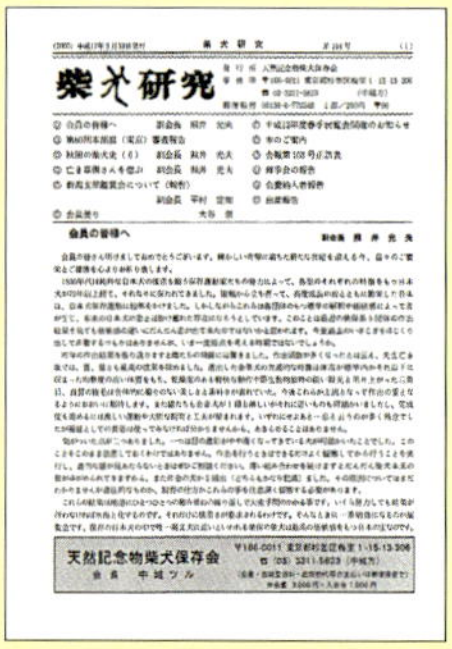

年に3回発行される会報誌「柴犬研究」。展覧会の審査報告が詳しくのっている。

●入会方法

柴犬が好きな人なら飼育の有無にかかわらず誰でも入会できます。

入会金1000円、年会費3000円。会員には、繁殖の際の適切な相手選びや、子犬の斡旋などの心強いフォローがたくさん。

●詳しいお問い合わせ先

本部／東京都杉並区梅里1-21-24　都筑方
TEL：03-3313-9829

天然記念物柴犬研究会

現代の科学を取り入れて、めざすは太古の犬

太古の犬の風貌を受け継いだ柴犬研究会の子犬たち。すでに野性的な味わいがある。

縄文時代の犬を科学する

柴犬研究会は平成2年に柴犬保存会から独立して設立されました。縄文時代の犬の特徴を残す「額段が浅く、すっきりした体型の犬、一見して俊敏で鋭く野性味を感じさせる犬」を柴犬として、その保存・研究を行っています。

1万頭近い繁殖のデータを出し、柴犬の系統を細密に研究。それを理想とする柴犬の作出・保存に生かすという、科学性を根拠に置いた姿勢が信条となっています。

また審査の目安ということで、独自の「審査標準」を定めていますが、これは固定的なものではなく、今後の研究や新たな事実にもとづいて変わる可能性があるという柔軟性に富んだ考え方をしていることも会の特徴です。

柴犬研究会の主な事業内容

①柴犬標準の研究。
②繁殖管理と飼育に関する研究指導。
③犬籍簿の整備と血統書の発行。
④柴犬に関する各種の研究と報告書の発行。
⑤柴犬に関する審査、指導員の任命。
⑥その他必要な事業。

柴犬研究会の理想とする柴犬の魅力を、余すところなく伝えている会報誌と案内パンフレット。

●入会方法

柴犬が好きという人なら誰でも入会できます。入会申し込み用紙に入会金1000円、年会費5000円を添えて申し込みます。会員には、会報「柴犬」の無料定期講読のほか、さまざまな特典があります。

●詳しいお問い合わせ先

関東事務局／神奈川県横浜市戸塚区上矢部町1742-27
TEL：045-812-2721
秋田事務局／秋田県大仙市内小友字堂の前119-5
TEL：0187-68-2976

吉田賢一郎（よしだけんいちろう）
1925年生まれ、東京都出身。生来の犬好きで、1937年、東京日本橋の日本畜犬合資会社に入社、日本犬を中心に携わり、柴との関わりは60年以上。1941年、中国（旧満州の新京）の渡辺拓平宅で犬の修行。戦後、社団法人ジャパンケネルクラブの設立に参画、あらゆる犬種を探究し、理事・審査員・訓練士として活躍する。現在、社団法人ジャパンケネルクラブ相談役、中央畜犬事業組合組合長。

中島眞理（なかしままり）
動物写真家。日本大学芸術学部在籍中より、犬を撮り始め、日本、英国、米国などで世界のドッグショーを中心に活躍中。㈳ジャパンケネルクラブのオフィシャルフォトグラファー。日本写真家協会、ドッグプレス、インターナショナル会員。オフィス・デ・ナーダ代表取締役。

柴犬の飼い方

監　修　吉《よし》　田《だ》　賢《けん》一《いち》郎《ろう》
写　真　中《なか》　島《しま》　眞《ま》　理《り》
発行者　深　見　悦　司
印刷所　株式会社 東京印書館

発　行　所
成美堂出版
〒162-8445 東京都新宿区新小川町1-7
電話(03)5206-8151 FAX(03)5206-8159

PRINTED IN JAPAN
ISBN4-415-01438-0
落丁・乱丁などの不良本はお取り替えします
●定価はカバーに表示してあります